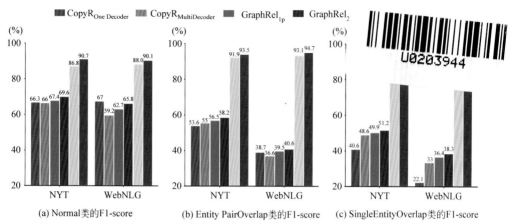

图 10.5 从不同重叠类型的句子中抽取三元组 F1-score 得分

| 句子 | 关系 |
|---|---|
| Jan Kasl became mayor of Prague. | head of government |
| Berry Vrbanovic elected Kitchener mayor. | head of government |
| Chanhsouk Bounpachit is a Laotian Politician. | occupation |
| Robert Drost is an American computer scientist. | occupation |
| ⋮ | ⋮ |
| TMPGEnc products run on Microsoft Windows. | **open** |
| Ralph Cato is an American baritone singer. | **open** |

图 11.1 开放关系检测的实例

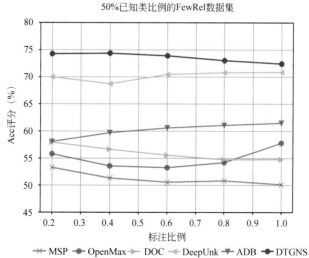

图 11.3 在 50% 已知类比例的 FewRel 数据集上的结果

已知：75.67%, 开放：82.03%

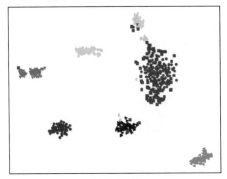

(a) DTGNS

已知：70.41%, 开放：58.61%

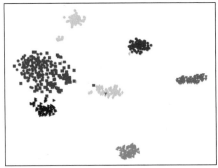

(b) ADB

已知：73.41%, 开放：81.75%

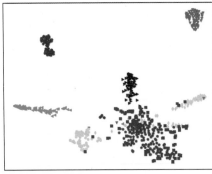

- original network
- characters
- tributary
- record label
- developer(Open)
- military branch(Open)
- Product-Producer(e1,e2)(Open)
- Content-Container(e1,e2)(Open)

(c) DeepUnk

图 11.4　关系表示的可视化

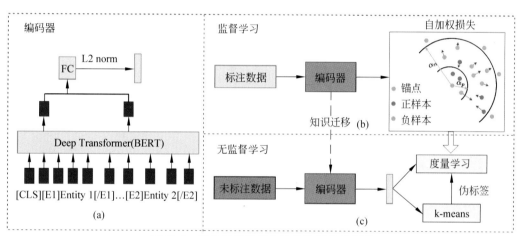

图 12.2　基于自加权损失的半监督学习框架

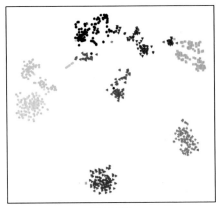

(a) MORE

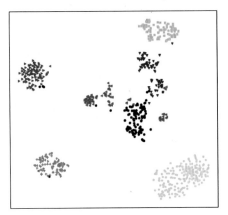

(b) SemiORE(w/o UL)

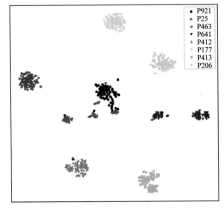

(c) SemiORE

图 12.4　在 FewRel 数据集上学习的关系表示的可视化

# 面向共融机器人的自然交互

## ——命名实体识别与关系抽取

### 徐 华 高 凯 编著

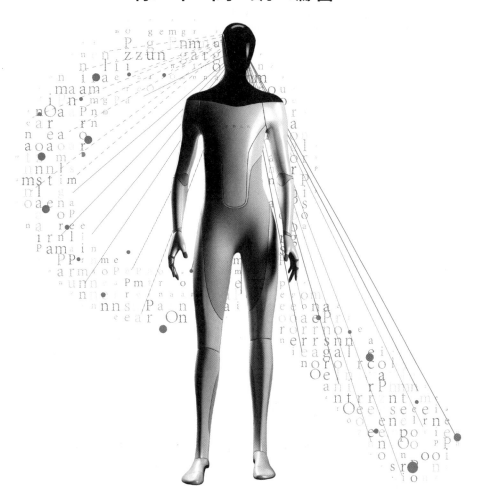

清华大学出版社

北京

## 内 容 简 介

共融机器人是能够与作业环境、人和其他机器人自然交互、自主适应复杂动态环境并协同作业的机器人。"敏锐体贴型"的自然交互是共融服务机器人的研究热点之一，业内当前迫切需要共融机器人具备理解复杂语义信息的能力。本书立足于深度学习方法的信息与知识抽取领域，从学习文本表示出发，系统地介绍了用于获取现实世界知识信息中命名实体和实体关系的方法，并深入探讨了如何在开放领域实现鲁棒的实体关系分析。

本书是国内共融机器人自然交互领域第一本系统介绍深度学习的命名实体识别和关系抽取的专业书籍，可为读者掌握共融机器人研究领域信息与知识抽取的关键技术和基础知识，追踪该领域的发展前沿提供参考，适合人工智能科学与技术、人工智能等专业的学生及相关研究者阅读。

**图书在版编目（CIP）数据**

面向共融机器人的自然交互：命名实体识别与关系抽取/徐华，高凯编著. —北京：清华大学出版社，2023.7

ISBN 978-7-302-63832-2

Ⅰ.①面… Ⅱ.①徐… ②高… Ⅲ.①人-机对话 Ⅳ.①TP11

中国国家版本馆 CIP 数据核字（2023）第 102757 号

责任编辑：白立军
封面设计：刘 乾
责任校对：韩天竹
责任印制：曹婉颖

出版发行：清华大学出版社
网　　　址：http://www.tup.com.cn，http://www.wqbook.com
地　　　址：北京清华大学学研大厦 A 座　　　　　　邮　　编：100084
社 总 机：010-83470000　　　　　　　　　　　　　邮　　购：010-62786544
投稿与读者服务：010-62776969，c-service@tup.tsinghua.edu.cn
质量反馈：010-62772015，zhiliang@tup.tsinghua.edu.cn
课件下载：http://www.tup.com.cn，010-83470236
印 装 者：三河市龙大印装有限公司
经　　销：全国新华书店
开　　本：185mm×230mm　　印　张：12.5　彩 插：2　字　　数：259 千字
版　　次：2023 年 9 月第 1 版　　　　　　　　　　印　　次：2023 年 9 月第 1 次印刷
定　　价：68.00 元

产品编号：098551-01

# 前　言

党的二十大报告指出：教育、科技、人才是全面建设社会主义现代化国家的基础性、战略性支撑。必须坚持科技是第一生产力、人才是第一资源、创新是第一动力，深入实施科教兴国战略、人才强国战略、创新驱动发展战略。这三大战略共同服务于创新型国家的建设。报告同时强调：推动战略性新兴产业融合集群发展，构建新一代信息技术、人工智能、生物技术、新能源、新材料、高端装备、绿色环保等一批新的增长引擎。

当前，人工智能日益成为引领新一轮科技革命和产业变革的核心技术。其中，命名实体识别与关系抽取作为自然语言处理的重要领域，正展现出令人瞩目的前景和巨大的潜力，特别在共融机器人的自然交互领域中，其应用广泛且具有重要意义。

共融机器人自然交互主要是针对机器人与人共融的应用场景，实现机器人与人、机器人与环境、机器人与机器人自然性的交互共融。从共融服务机器人实际应用的角度而言，机器人与人之间的自然交互能力是其关键核心技术之一。机器人与人之间的自然交互能力主要涉及人机对话能力、人的多模态情感感知能力、人机协同能力等方面。为了实现共融服务机器人①高效的对话能力，需要在人机交互的过程中让机器人具备强大的交互信息的语义理解能力，这是实现高效人机对话的关键核心技术之一。2021年12月，中华人民共和国工业和信息化部、中华人民共和国国家发展和改革委员会等十五部门联合印发的《"十四五"机器人产业发展规划》中将"人机自然交互技术""情感识别技术"等列为机器人核心技术攻关行动的前沿技术，足见共融机器人的自然交互技术在未来机器人产业发展中的重要性。本系列专著面向产业前沿、技术前沿和国际研究前沿对机器人自然交互技术中的重要问题与方法开展了系统化论述。

当前，面向人机自然交互文本信息中命名实体识别、实体关系理解这一领域主要包括如下几个层次的研发内容：命名实体识别、实体关系识别、新实体关系检测、新实体关系发现等。面向自然交互文本信息的实体识别与关系理解是涉及自然语言处理、深

---

① 此处共融服务机器人包括实体服务机器人、在线虚拟(软)机器人、智能客服等系统或者产品形态。

度学习、传统机器学习、模式识别、算法、机器人系统、人机交互等方面相互融合的综合性研究领域，近年来笔者所在的清华大学计算机科学与技术系智能技术与系统国家重点实验室研究团队，在面向智能机器人自然交互文本信息的语义理解方面开展了大量有开创性的研究与应用工作，特别是在深度学习模型的命名实体识别、实体关系分类、新实体关系的检测与发现等方面取得了一定的研究成果，相关成果[1]也已经以系列化研究论文的形式陆续发表在近年来人工智能领域的顶级国际会议 ACL 和知名国际期刊 *Knowledge based Systems* 上。 为了能够系统化地呈现学术界和笔者团队近年来在人机交互文本信息的实体识别与关系理解方面的最新研究成果，笔者特别系统地梳理了相关工作成果内容，将其以系列化学术专著的形式呈现在读者面前。

本书是"面向共融机器人的自然交互"系列化学术专著的第 3 部，笔者的研究团队后续将及时梳理和归纳总结相关的最新成果，以系列图书的形式分享给读者。 本书可以作为智能机器人自然交互、智能问答（客服）、自然语言处理、人机交互等领域的教材，也可以作为智能机器人及其智能系统、自然语言处理、人机交互等方面系统与产品研发的重要技术参考书。 本书相关的内容资料（算法、代码、数据集等）可查阅清华大学计算机科学与技术系 THUIAR 研究组官网或与作者联系。

最后感谢国家自然科学基金项目(62173195)与河北省自然科学基金项目(F2022208006)对本学术专著类图书写作工作的支持，感谢在本书的编写过程中，清华大学计算机科学与技术系智能技术与系统国家重点实验室赵康、李晓腾、陈小飞、赵少杰、仇元喆等同学对于书稿整理所付出的艰辛努力，以及谢宇翔、杨聪聪、赵康等同学在相关研究方向上不断持续的合作创新工作。 没有各位团队成员的努力，本书将无法以系列化的形式呈现在读者面前。

由于共融机器人的自然交互是一个崭新的、快速发展的研究领域，受限于笔者的学识和知识，书中错误和不足之处在所难免，衷心希望广大读者能给笔者的图书提出宝贵的意见和建议。

作 者
2023 年 5 月 1 日
于清华园

---

① 具体成果可查询清华大学计算机系 THUIAR 研究组官网或与作者联系。

# 目 录

## 第 2 篇　对话信息中的命名实体识别

## 第 3 篇　垂直领域的实体关系分析

## 第 4 篇　开放领域的实体关系分析

### 第 11 章　基于动态阈值的开放关系检测 …………………………… 123

### 第 12 章　基于自加权损失的开放关系抽取 …………………………… 136

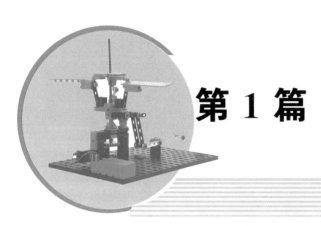

# 第 1 篇

# 引　言

　　本篇主要介绍命名实体识别及实体关系抽取领域的研究现状和相关工作。第1章首先总结了前人的研究成果,指出了当前英文命名实体识别方法的不足之处,包括仅依赖 LSTM 获得词特征表示、句子语义信息和全局依赖较弱,以及中文命名实体识别忽略了汉字的语音与结构特征。第2章介绍了垂直领域实体关系抽取的背景,包括关系抽取、词嵌入表示、卷积神经网络、注意力机制和图神经网络等相关领域的发展历程和现状,为后续的方法引入打下理论基础。第3章重点探讨了开放关系检测、开放关系发现、无监督实体关系发现以及实体关系持续学习等问题,并指出了当前方法存在的局限和挑战。通过对命名实体识别和实体关系抽取领域的综述,本章为后续章节的工作方法引入和问题讨论提供了基础。

# 第1章　对话信息中的命名实体识别

随着互联网的高速发展,互联网上每时每刻产生最多的信息就是文本信息,如 QQ、微信、邮件、音频、视频等服务,时刻都在产生大量的文本信息。快速且高效地识别出这些文本中所包含的实体信息,对生产生活具有重要的意义。例如,从新闻报道中识别出恐怖事件实体信息,包括时间、地点、袭击者和受害人等;从体育新闻中识别出体育赛事实体信息,包括主队、客队、赛场和比分等;从论文和医疗文献中识别出疾病实体信息,包括病因、病原、症状和药物等。

在对话系统中识别命名实体需要从用户的提问中准确地识别实体类型及相互关系,只有这样才能更好地回答用户,例如,从"明天的天气怎样?""从北京飞上海的机票多少钱?"等语料中,系统分别需要准确地识别出"明天""北京"和"上海"才能准确回答用户的问题。

随着命名实体识别系统在各行各业中被广泛应用,新的、各种各样的命名实体不断出现。例如,在生物信息领域,需要识别出蛋白质、DNA、RNA 等有关生物信息的命名实体;在电影、音乐等搜索和推荐时,需要准确地识别出电影名、歌曲名。这些新出现的实体名与以前被广泛研究的人名、地名和组织机构名等不同,其命名各具特点,一个很明显的不同点是:人名有一些比较固定的姓氏,组织机构和地名通常会使用一些后缀用字,但是歌曲和电影的名称可以是任意的汉字组合。因此,为了能够不断适应自然语言处理在不同领域中的应用,需要对新出现的命名实体进行专门的研究。

总之,识别命名实体识别是自然语言处理的基础任务之一,对信息抽取、文本分类、对话系统、机器翻译和信息检索都具有非常重要的意义,探索高效的命名实体识别方法,是目前学术界和工业界关注的热点问题。

## 1.1　命名实体识别概述

早期的命名实体识别(NER)主要采用的是基于规则的方法,领域专家和语言学者通过特定的领域词典[1]和句法模板[2]制定有效的规则集,但效果好的规则集需要经过多次地修正才能达到要求。随着技术的发展,基于统计学的命名实体识别方法逐渐流行,主要包括基于最大熵(ME)模型[3]、隐马尔可夫模型(HMM)[4]、条件随机场(CRF)模型[5]等命名实体识别方法。这些基于统计学的方法都是从大量标注好的语料里记住要识别的实体,然后创建能够识别出这些实体的独一无二的特征。Hideki Isozaki[5]将 SVM 应用到命名实体识别问题上,在 CRL 数据上,F1-score(F1)值达到了 90.3%。McCallum[4]等将条件随机场模型应用到解决命名实体识别的问题上,在 CONLL-2003 的评测中取得准确率 89.4%、召回率 88.10% 和 F1-score 值 88.96% 的性能。在生物领域,Okanohara 等[6]使用改进的半监督条件随机场模型(Semi-CRFs)进行生物命名实体的识别,识别蛋白质、DNA 和 RNA 等实体。当前更多的研究采用规则和统计相结合的方法来进行命名实体识别。Kazama 等[7]的研究表明,将分类标识信息和 CRF 模型相结合,提高了在 CoNLL-2003 数据集上 F1-score 的值。Cucerzan 等[8]采用知识库的方式最大化类别标记和候选实体类别的一致性来进行命名实体识别,也取得了很好的效果。

以上这些方法通常依赖特征工程保证系统的性能。然而,特征模板的制定需要人工设计和大量专家知识。特征设计需要通过实验反复修改、调整和选择,非常费时费力。传统方法中的数据采用稀疏表示,容易导致参数爆炸,在面对大规模多领域复杂的文本数据时,暴露出更多不足。随着深度学习的兴起,近几年基于深度学习的命名实体识别变得火热起来。深度学习模型在自然语言领域的应用起源于使用稠密的词向量对单词进行表示。2013 年,Mikolov 等提出了基于上下文预测单词的 CBOW 模型[9]和基于给定单词预测上下文的 Skip-gram 模型[10],这两个模型本质上都是通过上下文的语义信息来训练词向量。同时,他们发布了开源的 Word2vec 工具,方便研究人员快速便捷地进行词向量的训练。2014 年,Pennington 等提出了 GloVe 模型[11],通过全局词共现信息使用矩阵分解的方式来训练词向量。基于词向量的表示,循环神经网络模型[12]以序列的方式进行句子向量的合成。模型从左到右扫描句子中的词向量,通过转移函数的方式依次将每个时刻输入的词向量融合到当前时刻的隐藏层状态中;扫描完毕后,隐藏层状态就包含了整句文本的所有信息。由于循环神经网络中存在梯度爆炸/消失的问题,即随着序列长度的增加,神经网络的梯度回传将带来困难,训练效果也随即变差。为此,Hochreiter 等[13]提出了长短期记忆网络(LSTM)模型,通过遗忘门、输入门和输出门的相互配合可以有效地避免梯度爆炸/消失的问题。此外,长短期记忆网络存在很多变种模型,Chung 等[14]提出了权重门控循环神经网络(GRU)模型,使用更少量的权重门达到了与 LSTM 模型相接近的效果,从而使模型的参数规模减小,更易于被训练。Cho 等[15]提出了双向长短期记忆网络(BiLSTM)模型,使句子中正向、反向的信息可以同时被模型所刻画。Graves 等[16]提出了多层长短期记忆网络(stack-LSTM)模型,使模型可以从多个层次刻画不同级别的信息。Tai 等[17]将长短期记忆网络中的记忆单元思想及权重门思想应用在了树状结构中,整理得到了树状长短期记忆网络(Tree-LSTM)模型。

## 1.2  相关研究方法概述

### 1.2.1  词嵌入表示方法

不同于图像识别和语音生成,自然语言处理面临的最大问题是如何将文本信息数字化,即将文本信息"无损失"地转化为计算机能够识别的数字。

早期研究工作使用"独热"(one-hot)方法来编码文本信息,该方法首先需要建立一个词典,将词典中 $N$ 个不相同的词转换为与之对应的 $0\sim(N-1)$ 的整数。然后将词典数字化,假设一个词对应的整数(索引)为 $i$,那么该方法将创建一个长度为 $N$ 的全零向量,并将第 $i$ 位改为 1。这样每个单词都被转换成了长度为 $N$ 的不同向量,可以被计算机所识别。虽然 one-hot 方法使用简单,但是该方法不能表达不同词之间的语义相似度,而且很容易出现"维度灾难"[18]问题。

为了缓解"维度灾难"和数据稀疏的问题,深度学习方法采用稠密、连续、低维度的文本向量代替 one-hot 编码。Mikolov 等[19]提出了基于矩阵分布式表示的 Word2vec 模型,使用某种度量下向量之间的空间距离表示其语义相似度。Word2vec 方法包含两种模型:跳字(Skip-gram)模型和连续词袋(continuous bag of words,CBOW)模型。Skip-gram 模型利用目标词预测窗口范围内的上下文单词;CBOW 模型与 Skip-gram 模型相反,旨在利用目标词窗口范围内的上下文单词预测该目标词。Word2vec 利用这两种模型将所有单词向量化,通过计算向量之间的距离就可以定量地度量单词之间的语义相似度、判别单词之间的联系。并且通过利用层次化 Softmax 和负采样方法加速了模型的训练时间,降低了模型的训练成本。虽然 Word2vec 极大地推动了词嵌入技术的发展,但是其还存在一个问题,即在模型训练的过程中没有充分利用语料库的全部信息。

为了克服这一问题,GloVe[11](global vectors for word representation)模型被提出,其是一个基于全局词频统计的单词表示方法。GloVe 模型基于全局词-词共现矩阵训练模型,将单词表达成包含单词语义特征的向量矩阵形式。然后和 Word2vec 相似,其在度量空间下计算向量之间的距离,用于表示单词之间的语义相似度。在此基础上 Peters 等[19]提出了 ELMo(embeddings from language models),该模型能够学习复杂的词汇用法,根据不同的上下文语境动态地表示目标词汇。ELMo 使用双向 LSTM(long short-term memory)构建语言模型,目标函数取值为两个方向语言模型的最大似然估计。该设计使模型可以对复杂的语义环境进行建模,训练具有深度语义的词嵌入表示。ELMo 是基于大型语料库预训练而得,故不同于 Word2vec 和 GloVe,其对一个具有不同上下文语境的相同单词,生成的词向量表示是动态并根据上下文改变的。

Devlin 等[20]提出了基于多层双向迁移(Transformer[21])编码器的通用语言模型(bidirectional encoder representations from transformers,BERT),刷新了同期 11 项自然语言任务的最先进性能。BERT 是一种基于微调(Fine-tuning)的多层双向迁移编码器,其在两个无监督预测任务上进行预训练,分别是遮蔽语言模型(masked language model)和下一句预测模型。遮蔽语言模型随机地掩盖部分输入词,然后对这些被遮盖的词进行预测,旨在通过这种方式构建语言模型。在下一句预测模型中,模型随机地将数据分为两部分:一部分中句子信息是连续未改变的;另一部分的数据中两个语句是不连续的。通过这种训练赋予模型判断语句连续性的能力,这对需要自然语言推理的任务来说是至关重要的。

除了只考虑基于词级别的表示作为模型的基本输入,一些研究者还加入了基于字符的词表示。Ma 等[22]利用 CNN 抽取词的字符级表示,然后将字符表示向量与词向量进行拼接,最后输入到 RNN 的上下文编码器中。同样地,Li 等[23]应用了一系列卷积和 highway 层生成词的字符级表示。最终的词嵌入被送入双向递归网络中。Yang 等[24]提出了一个 NER 的神经网络排序模型,其在字符嵌入的顶部使用固定窗口大小的卷积层。Kuru 等[25]提出了 CharNER 模型,这是一个语言独立 NER 的字符级标记模型,CharNER 将句子看作一个字符序列,并使用 LSTM 提取字符级表示;它为每个字符输出一个标签分布而不是单词,然后从字符级标签中获得词级标签;他们的实验结果表明,以字符为主的表示形式作为模型的输入要优于以词为主的表示形式。还有 Lample 等[26]利用了一个双向 LSTM 抽取词的字符级表示,在此不作过多介绍。

除了词级别和字符级别的表示,一些研究者还使用了额外的知识(如词典[27]和相似词[28])。也就是说,基于深度学习的表示和基于特征方法的表示混合在一起作为模型的输入。添加额外的特征可能会提升 NER 的性能,但同时也会损害这些模型的通用性。Collobert 等[29]首先提出了一种基于时间卷积的神经网络,当结合常见的先验知识(如词典和词性)时,生成的系统仅使用词级表示就能优于基线系统。Huang 等[27]在 NER 任务中使用了 4 种类型的特征:拼写特征、上下文特征、词嵌入特征与词典特征;他们的实验结果表明,使用额外的特征可以提升标记的准确率。Chiu 等[30]结合了一个双向 LSTM 与字符级 CNN 建立 NER 模型,除了词嵌入外,该模型还使用额外的词级特征(大写字母、词典)和字符级特征(表示字符类型的 4 个维度向量:大写、小写、标点符号等)。Wei 等[31]提出了基于 CRF 的神经网络系统识别疾病的名称,该系统除了词嵌入外,还使用了丰富的特征:词、词性、分块和词形状(如字典和词形态)。Strubell 等[32]使用一个具有 5 个维度的词形状向量(如所有大写、所有小写、首字母大写和包含大写字母)连接 100 维的词嵌入,将之输入模型中。Lin 等[33]将字符级表示、词级表示和语法词表示(如词性标注、依赖角色、词位置和头位置等）结合形成一个全面的词表示。Aguilar 等[34]面向 NER 任务提出了一种多任务学习方法，该方法利用一个 CNN 捕获字符级别的词形状特征和规则特征，实现了一个 LSTM 网络捕获词级别的语法和上下文信息。

## 1.2.2　上下文编码架构

本节将概述在 NER 任务中广泛使用的上下文编码架构，其中有 CNN、RNN 和 Transformer。

Collobert 等[29]提出了一个句子级别的神经网络，其中每个词都考虑了整个句子的语义信息而被标记。在输入阶段完成表示之后，输入序列中的每个词被嵌入到一个 $N$ 维向量中；然后使用卷积层产生每个词的局部特征，卷积层的输出大小取决于句子中的单词数量，结合卷积层提取的局部特征向量构建全局特征向量。全局特征向量的维数是固定的，与句子的长度无关，以便应用后续的标签预测层；最后，这些固定大小的全局特征被送入标签解码器，以计算神经网络输入中的单词所有可能标签的分布分数。这种方法被广泛地用于提取全局特征：在句子中位置的最大值或平均值运算（如"时间"步）。跟随 Collobert 的工作，Yao 等[35]提出了用于识别生物医学命名实体的 Bio-NER。Wu 等[36]利用卷积层生成具有多个全局隐藏结点表示的全局特征，然后将局部特征和全局特征输入标签解码层，以识别临床文本中的命名实体。

RNN 及其变体，如 GRU 和 LSTM 在序列数据建模方面取得了显著的成就。特别是双向 RNN 可以有效地利用特定时间段的过去信息（通过正向状态）和未来信息（通过反向状态）。因此，由双向 RNN 编码的词将包含来自输入整个序列的信息，双向 RNN 成为了构成文本深层上下文相关表示的标准神经网络。Yang 等[37]使用 GRU 在字符级别与词级别上使用深层 GRU 对内容和上下文信息进行编码。他们通过共享模型和参数进一步扩展了他们的模型，使其应用于跨语言和多任务联合学习的任务。

神经序列标记模型通常基于复杂的 CNN 或 RNN，由编码器和解码器组成。Vaswani 等[21]提出的 Transformer 完全不需要 CNN 和 RNN，而是利用多层的 Self-attention 层、点乘和全连接层建立基本的编码器和解码器。实验结果表明，在不同的任务上 Transformer 的性能更好，而且训练的时间也更少。在 Transformer 的基础上，Radford 等[38]提出了生成式预训练（GPT）Transformer 用于语言理解任务。GPT 有两个阶段的训练过程：首先，使用一个带有语言模型目标函数的 Transformer 在大量未标记数据上学习初始参数；然后，使用监督信号将这些参数调整到目标任务上，从而使预训练模型的变化最小。随后不久，Devlin 等[20]提出了一个利用 Transformer 的双向编码表征（BERT）。BERT 通过联合调节所有层中的上下文预训练深度 Transformer 网络，这种预训练的 BERT 表示可以通过一个额外的输出层进行微调，并可以适用于包括识别命名实体和分块任务的多种 NLP 任务。

### 1.2.3　标签解码网络

标签解码器是 NER 模型的最后一个步骤。它将具有上下文信息的表示作为输入，以输出与输入序列相对应的标签序列。标签解码网络主要组成为多层感知机（MLP）＋Softmax 层和条件随机场层等。

NER 通常被认为是序列标注任务。以 MLP＋Softmax 作为模型的标签解码层相当于将序列标注任务转换为一个多分类问题。但是，这样将使得到的每个词的标签都是基于上下文相关表示独立预测的，没有考虑到它们相邻的标签。在此之前，一系列的 NER 模型就是将 MLP＋Softmax 层作为模型的标签解码器，Tomori 等[39]以 Softmax 作为标签解码器预测日本象棋游戏中的游戏状态，以此作为一种特定领域的 NER 任务，他们的模型采用文本输入，同时也采用棋盘作为输入，预测出 21 个该游戏特定的命名实体。文本表示和游戏状态嵌入都被提供给 Softmax 层，使用 BIO 标注学派预测命名实体。

条件随机场是一个以观察序列为条件的全局随机场。CRF 在基于特征的监督学习方法中得到了广泛的应用。许多深度学习模型都将 CRF 作为模型的标签解码器。例如，应用到双向 LSTM 的顶层[26]和 CNN 的顶层[22]。然而，CRF 不能充分利用段落级别的信息，因为段落内部属性不能完全用字级表示进行编码。Zhuo 等[40]提出的门控递归半马尔可夫 CRF 模型是一种直接对段落进行建模而不是对单词进行建模的方法，它通过一个门控递归神经网络自动提取段落级特征。目前，Ye 和 Ling[41]提出了一种混合半马尔可夫 CRF 模型，将之用于神经序列标注任务。该方法以段代替词作为特征提取和转换建模的基本单元，以词级标签用于推导段的分数。因此，这种方法能够利用词级和段级信息计算段的分数。

## 1.3　本章小结

通过对已有工作的总结与整理，不难看出：①识别英文命名实体方面大多数只依赖 LSTM 获得当前词特征表示，存在明显的不足，例如，当前的隐层状态的计算依赖之前状态，无法进行信息的全局交换，这限制了模型的并行计算效率。因此，本书将基于 S-LSTM 构建英文 NER 新的上下文词状态与句子状态表示模型。②不管是识别中文或英文实体，大多数模型获得词特征的句子语义信息仍然很弱，并且句子的全局依赖也比较弱。因此，本书将进一步研究一个基于句子语义与 Self-Attention 机制的中文和英文 NER 模型。③中文实体识别方面大多数只单纯地基于字输入，忽略了汉字的语音与结构特征。因此，本书将进一步深入研究一种融合拼音嵌入与五笔嵌入的中文

NER 模型。

　　本章介绍了识别命名实体的国内外研究现状与相关工作,同时详细地介绍了已有的一些研究方法。通过对命名实体识别算法的基本概述,本章将本书的工作方法与已有的研究工作进行对比,指出其存在的不足,并针对相应的问题深入阐述有效的改进方法。

# 第 2 章　垂直领域的实体关系分析

关系是社会网络体系的基本组成单元,对计算机人工智能而言,关系也同样具有重要的意义。随着人工智能技术的发展,以知识图谱为代表的结构化知识系统层出不穷,这为人们检索推理提供了便利。但在这些系统中,结构化的知识往往是通过人工标注结合专家规则的方式生成,其与日益增长的人类需求形成了矛盾。因此,从朴素文本获取结构化知识是当下这些知识系统所面临的最大挑战。近年来,人们不断探索从海量网络数据中自动获取结构化知识的技术路线。当下,商业搜索引擎和大规模知识图谱系统都是采用自动获取和人工校验相结合的方式构建的,自动获取和人工辅助相结合的形式已经变成了当下互联网产品中最为主流的应用方法。其中,关系抽取就是这类技术的代表性工作,其旨在从非结构化或结构化的文本中自动获取实体之间的关系类型,从而生成结构化知识。

进入 21 世纪以来,计算机运算和存储技术取得了关键性的突破,以神经网络为代表的深度学习技术发展迅速,在计算机语音、视觉和自然语言分析等各个领域均取得了令人瞩目的突破。深度学习技术在高速发展的同时,也带来了数以亿计的知识信息。如何利用海量的知识信息成为了一个不可忽视的问题。在国外,谷歌公司首先推出了 Google 知识图谱,其提供结构化的主题信息,帮助用户解决查询的问题。在国内,百度公司和搜狗公司相继推出了自己的知识图谱产品,用来构建庞大的商业知识网络。知识图谱技术包括 3 个关键的步骤,分别是知识的获取、组织和保存。这 3 个步骤都离不开"知识"的基本表现形式——<实体,关系,实体>。利用深度学习技术对垂直领域的实体关系进行分析研究,是目前自然语言处理领域最热门的方向之一,也是本书的主要研究内容之一。

在自然语言处理领域,对话系统是一个广受关注的研究分支。随着人工智能技术的高速发展,各种各样的智能对话机器人在日常生活的不同领域中大放异彩。例如,银行服务对话机器人为银行客户解答业务流程或者提供技术指导;图书馆问答机器人为学生、老师解答问题需求;客服对话机器人为各大公司提供电话客服功能。随着时代的发展,对话系统将面临更加复杂的业务需求,传统基于模板的对话系统已经不能满足人们的日常需要,开发具有自动分析语义和理解自然语言功能的对话系统也已经迫在眉睫。

自然语言作为对话系统的主要输入信息对整个系统的重要性不言而喻。对话软件系统一般接受纯文本(也可通过语音分析技术将语音转为文字)形式的自然语言。因此,首先必须以实体识别和关系抽取技术将非结构化的数据转化为结构化数据,然后才能进行后续的意图识别、对话管理和答案生成。一个性能良好的实体关系抽取模型对于对话系统中的自然语言理解和知识库的构建起到了至关重要的作用。

　　如图 2.1 所示,关系抽取在对话系统中的应用十分广泛。在自然语言理解模块中,关系抽取为对话系统正确地理解用户意图打下了基础。在知识库模块中,关系抽取后生成的三元组可以被用于构建知识库。在答案生成模块中,单事实的答案生成任务可以被转换为抽取实体对之间的关系。

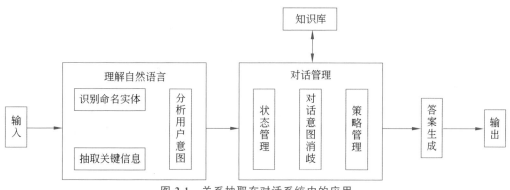

图 2.1　关系抽取在对话系统中的应用

## 2.1　抽取垂直领域的实体关系

　　实体关系抽取的目的是将非结构化或者是半结构化的自然语言文本转化成结构化的数据。关系抽取主要负责从文本中识别出实体,抽取实体之间的语义关系。现有关系抽取技术大致分为 3 种,分别为基于有监督的(supervised)、基于远程监督的(distant supervised)和基于“小样本”学习的(few-shot learning)关系抽取。另外,随着用户需求的增长,基于多实体-多关系和基于文档级别的关系抽取方法也开始在相应学术领域渐渐兴起。

### 2.1.1　基于有监督方法的关系抽取

　　基于有监督的方法将关系抽取作为一个分类问题,根据训练数据的特点设计有针对性的特征表示,通过大量的迭代训练赋予分类器预测样本的能力[42]。早期有监督方法主要依赖于统计机器学习策略[43],模型的性能很大程度上取决于特征工程的质量[44]。其所提取的特征大多来自于现有的自然语言处理工具包,这种流水线式的方法通常会出现错误传播和放大的问题,进一步阻碍了模型的性能。Zeng 等[45]首次提出了利用深度卷积神经网络提取词汇级别和句子级别的特征,通过特征抽取和特征融合技术抽取文本语义,实验结果表明他们的方法显著优于同期先进的基线方法。有监督学习方法是目前较为传统的方法,得益于良好的模型性能,自关系抽取任务诞生以来就被广泛应用。但其最大的缺点就是需要大量的人工标注语料,昂贵的标注成本已经成为了其关系抽取发展的阻碍。如何获取大规模自动标注语料,成为了学术界和工业界共同的研究目标,之后远程监督方法由此孕育而生。

## 2.1.2 基于远程监督方法的关系抽取

Mintz 等[46]首次提出了基于远程监督策略的实体关系抽取方法,该方法将未标注的朴素文本与结构化的知识库信息进行对齐,自动标注数据集。该方法提出了一个假设,即两个实体在知识库中存在一个关系,那么就认为朴素文本中所有包含相同实体的句子都表达该关系。例如:<乔布斯,创始人,苹果>是知识库中存在的关系三元组,基于该假设,远程监督方法会将所有包含这两个实体的句子都视为表达"创始人"这种关系。这种大胆的假设极具启发性,在实际的应用中被证明是十分有效的。通过大量的分析发现,在大多数情况下两个实体之间都只表达一种关系,这也从理论上佐证了该假设的可行性。但不可避免的是,如果当两个实体之间表达多种关系时,该方法就会引入错误的标注实例。例如:"乔布斯非常爱吃苹果。"在这句话中,乔布斯和苹果之间的关系显然不是"创始人",但是在远程监督方法中,该实例仍然被视为一个正确的"创始人"训练样本。

为了解决远程监督方法带来的噪声数据对模型性能的影响,早期的工作基于多实例学习来解决这一问题。这些方法认为在所有包含相同实体的句子中至少有一个句子是正样例,是正确表达实体对关系的。于是,这些工作在包含相同实体对的句子中选择出置信度最高的一个句子,用这些被选择的实例去训练模型。但是这种方法不能充分利用被丢弃句子中蕴含的有利信息,为了解决这一问题,Lin 等[47]在远程监督关系抽取中提出了一种句子级别的选择"注意力"方法,该方法通过 CNN 抽取句子特征,利用句子级别的注意力机制动态地减少错误实例的权重,以达到充分利用被丢弃句子信息的目的。Liu 等[48]进一步提出了软标签(soft-label)方法,该方法基于实体特征相似度和标签的置信度,在训练过程中动态地获得一个新的修正标签。Feng 等[49]提出了一种新颖的强化学习方法,该方法包含两个模块:实例选择模块和关系分类模块。实例选择器通过强化学习策略去选择高质量的句子,关系分类器用被选择的句子去训练模型,并且将奖励值返回给实例选择器。Qin 等[50]利用对抗学习训练句子级别的生成器,然后利用生成器过滤掉噪声数据供分类器训练。

虽然远程监督方法在关系抽取上取得了一定的成就，但是这些隐式的噪声摒弃方法始终不能完全摆脱噪声数据的影响。从方法论的角度来看，远程监督方法的问题出现的根源是不能依赖自动扩充数据集的方式来提高模型性能。如何基于少量有监督数据来提升模型性能，成为当下急需解决的问题。起源于图像识别领域的小样本学习，就自然而然地进入了学者的视线。

### 2.1.3　基于小样本学习方法的关系抽取

人类可以从很少的样本数据中学习新的知识，例如，小朋友只需两三张的实例图片就可以识别出什么是"猪"，什么是"鸭子"。受人类这种"举一反三"的学习能力启发，小样本学习由此诞生。小样本学习致力于从包含大量实例的类别中学习其共性信息，对于新的类别，只需要少量的样本就可以进行快速学习。

零样本学习指在基于 0 个监督数据的情况下，正确的分类从未在训练过程中出现过的新类型[51]。虽然零样本学习在学术领域上具有很强的启发式意义，但在真正的工业应用上较为困难。与现实场景中不常见的零样本学习不同，在图像分类任务上，小样本学习方法已经得到了广泛的研究[52-53]。Snell 等[54]提出了原形网络（prototypical network），该网络假设每个类别存在一个类原型，通过在某种度量空间中计算实例特征表示到类原型特征表示的距离来训练模型。Mishra 等[55]利用序列卷积神经网络和注意力机制快速地从经验实例中学习。Yao 等[56]利用图卷积神经网络来解决文本分类问题，并且证明了图卷积神经网络在只依赖少量监督数据的情况下依然具有较好的模型性能。Gao 等[57]对原型网络做了进一步改进，设计了实例级别和特征级别的注意力机制，分别突出了关键实例和关键特征的重要性，极大地提高了模型在有噪声场景下的鲁棒性。Han 等[18]提出了一个用于小样本学习的关系分类数据集，该数据集包含 100 种关系，每种关系下有 700 个有监督的实例，并且在该数据集上实现了 4 种最先进的小样本学习基线方法。该数据集极大地推进了关系抽取在小样本学习上的应用。

小样本学习在关系抽取领域乃至自然语言处理领域仍然是一个较前沿的研究课题，可以确定的是，小样本学习未来肯定是一个十分有价值的研究方向。它不同于很多难以落地的方法，实际应用中模型可以仅仅依赖于很少的样例数据就对未知类别进行分类，这对于工程应用来说是难能可贵的。

### 2.1.4　实体和关系联合抽取

实体和关系联合抽取是 NLP 中的关键研究主题，许多研究人员已经探索出多种抽取实体关系三元组的方法。传统方法[42,58]一般采用流水线的方法来处理这个任务，它分为两个子任务：首先实体识别，然后对实体之间的关系进行分类。但是这些方法不可避免地带来了错误传播的问题。为了缓解错误传播的问题，一些方法[59,60]共享参数以实现实体和关系的联合学习。Zheng 等[61]提出了一种新的标记方案来联合抽取实体和关系，将抽取问题转化为标记任务。Hong 等[62]提出了一种基于改进的图卷积网络的关系抽取模型，该模型首先提取实体跨度，然后使用关系感知注意力机制获得实体之间的关系。

然而，过去的大多数方法都无法正确处理句子中包含多个重叠实体的关系三元组场景。因此，近年来的一些方法致力于解决这个问题。Zeng 等[63]提出了一种带有复制机制的序列到序列模型来解决三重重叠问题；Fu 等[64]提出了一种图卷积网络方法，研究了三重重叠问题；Bai 等[65]提出了一种带有双指针模块的端到端模型来提高关系抽取的性能，可以联合抽取整个实体和关系；Wei 等[66]提出了一种新颖的级联标记框架并将关系建模为函数，从而显著改善了该问题。

## 2.2  相关研究方法综述

### 2.2.1  卷积神经网络

随着神经网络重新进入人们的视野，CNN 在其中扮演着不可或缺的角色。进入 21 世纪以来，CNN 成功地被用于目标检测、物体识别和图像分类等。更值得一提的是，在 2012 年的 ImageNet 竞赛中，深度卷积网络[67]以绝对的优势拿下了当年的冠军，比当时应用的最好的方法降低了几乎一半的错误率，在 1000 个类别的上百万张网络图片中，分类效果达到了前所未有的高度。自此，CNN 受到了包括计算机视觉、听觉和自然语言处理等领域研究者的高度重视。

CNN 受生物视觉启发，利用卷积核提取目标局部信息，经过特征抽取和非线性转换等一系列操作，结合全部局部信息生成全局性输出。词嵌入技术能够很好地表达词语之间的相关性，但是不能捕捉远距离词汇之间的关系，不能准确地表达句子级别的文本。因此，如何在句子级别的文本上应用 CNN，成为了急需解决的问题。Kim 等[68]首次将 CNN 应用于自然语言处理领域，在情感分类任务上构建 CNN 模型。该模型采用多通道的方式构建文本向量，通过卷积和池化操作提取文本特征，预测文本情感极性。该工作开创了卷积神经网络在自然语言领域应用的先河。

### 2.2.2  注意力机制

注意力机制起源于人类视觉。人类通过快速扫描当前场景来观察事物，对于突兀的目标区域会投入更多的注意力资源，以获得更详细的细节信息，忽略冗余无用信息。得益于这种快速筛选有益信息的能力，人类可以在有限的时间内，快速熟悉场景并进行迭代学习。

计算机注意力机制与人类注意力机制类似,目标是通过训练学习使得模型具有筛选信息的能力。以图像描述为例,输入为一幅图像,通过模型处理,输出为一句描述该图像的文本信息。例如:一幅图像描述的是"一只狗趴在地板上",模型的输入是原始的图像,模型的输出是根据图像预测出的文本描述。在模型生成文本描述的过程中,当生成单词是"狗"的时候,模型对图像区域权重分配将聚焦到狗的周围,也就是说模型会将更多的注意力[69]分配到图像中狗所在的区域。

### 2.2.3　图神经网络

图神经网络(graph neural network,GNN)是一种连接主义模型[70],依赖图中节点之间的信息传递可以捕捉图中的依赖关系,进行节点之间的关系推理[71]。在文本和图像这些非结构化数据中进行推理学习,都有图推理模型的应用。近年来,图卷积神经网络[72](graph convolutional network,GCN)和图门控神经网络(gated graph neural network,GGNN)在众多领域都取得了重大的成功。

图是一种包含丰富关系型信息的结构化数据,它由一系列的对象(nodes)和关系类型(edges)组成[73]。作为一种非欧几里得型数据,图神经网络被广泛地应用到节点分类、链路预测和聚类等方向。卷积神经网络是图神经网络起源的首要动机[74],卷积神经网络擅长从多尺度的局部空间信息中抽取特征,并通过特征融合技术构建目标表示。随着对GNN 和 CNN 的比较分析发现,它们有 3 个共同的特征:①局部连接;②权值共享;③多层网络。这对于 GNN 来说同样有重要的意义。局部连接组成了图的最基本表现形式;权重共享可以减少网络的计算量;多层网络赋予模型捕捉深层特征的能力。Monti 等[75]提出了一个统一的 GNN 框架,并结合 CNN 框架将 GNN 推广到非欧几里得型数据。Gilmer 等[76]提出了消息传递网络(message passing neural network,MPNN),展示了如何将 MPNN 推广到现有的几种 GNN 模型中,并在量子学中证明了 MPNN 的有效性。

相对于传统的神经网络模型来说,GNN 能够处理 CNN 和 RNN 不能处理的非顺序排列的特征组合。GNN 可以将输入转换为节点的形式,分别在每个节点上进行传播,忽略了节点之间的顺序。换句话说,GNN 的输出是不随节点的输入为转移的。GNN 根据节点的邻域信息来更新当前时间步的隐层状态,使得 GNN 可以处理非结构化数据,也赋予了模型推理能力。

### 2.2.4　对抗训练

对抗训练是通过对训练数据产生对抗性噪声,对分类算法进行正则化的一种方法[77]。Carlini 等[78]认为在高维度空间中神经网络的线性性质才是对抗样本存在的真正原因,他们提出了一种快速生成对抗样本的方法。该方法的核心思想是沿着梯度的反方向添加扰动,从而使得对抗样本在空间分布中偏离原始样本。该模型在图像识别领域取得了重大的成功,实验表明对抗训练能够对样本数据产生正则化的效果,甚至在某些数据集上实验结果超过了 Dropout。Ganin 等[79]将对抗训练扩展到文本领域,通过计算反向梯度对递归循环神经网络的嵌入层添加扰动。Wu 等[80]进一步将适用于自然语言领域的对抗学习技术应用于多实例多标签的关系抽取任务中。Bekoulis 等[81]成功地将对抗训练引入到实体识别和关系抽取的联合任务训练中,并取得了同期较为成功的实验结果。

## 2.3　本章小结

　　本章主要对与垂直领域实体关系抽取相关的研究背景进行了介绍,分为 5 部分:关系抽取、词嵌入表示、卷积神经网络、注意力机制和图神经网络。分别阐述了各个领域的发展历程及研究现状,为之后引入的方法打下了理论基础。

# 第 3 章　开放领域的实体关系分析

　　针对开放领域的实体关系分析问题,常常使用自然语言处理方法对大量的互联网文本进行实体关系抽取,提取的关系三元组来构建知识图谱,其提供结构化的主题信息,可以帮助用户解决知识查询的问题。当使用在对话系统上,可以为理解用户输入的语义信息打下基础[82],同时可以转化为结构化的知识数据来完善知识库,使其更加智能。而使用自然语言处理技术处理医学领域文本可以推动数字化医疗的快速发展。医学领域的实体关系抽取是对疾病、病症、药物、蛋白质、基因等重要医学实体之间的语义关系(如治疗关系、诱导关系、突变关系)的揭示,是构建领域知识图谱、本体与知识库、临床决策支持系统的重要基础[83],对进一步辅助智慧医疗与精准医学具有重要现实意义。

　　目前,实体关系抽取技术大多局限于封闭的、单一领域下的研究,虽然在固定语料上取得了好的效果,但由于现实中关系种类的动态变化和领域的不确定性,现有的模型难以应用于真实场景。因此,为了处理开放的关系种类,模型需要在识别句子中的实体的基础上,进行已知实体关系的分类、检测未知的实体关系、发现新的关系类型并且可以对新发现的关系种类进行持续学习。因此,研究面向开放域的实体关系抽取方法成为一种新的研究方向。

## 3.1　开放领域的实体关系抽取

　　早期开放关系抽取(open relation extraction,OpenRE)方法依赖句法或句法模式来提取表面形式关系[84,85]。然而,这些方法的推广在实际场景中是非常有限的。为了克服这一缺点,最新的方法是通过对关系实例进行聚类来抽取开放关系。此外,Wu 等[86]提出了一种关系孪生网络,通过将有标记数据中的关系知识转移到无标记数据中来识别新的关系。最近,Wang 等[87]提出了一个度量学习框架,该框架利用从已知关系实例中获取的丰富监督信号,直接对未知的关系实例进行聚类。这些方法[86,87]利用从已知关系中学习到的语义知识,有效地提高了聚类性能。在借鉴前人研究成果的基础上,本书利用已知关系来指导未知关系实例的模型聚类。

## 3.2　相关研究方法综述

### 3.2.1　自监督学习

自监督学习已经在自然语言处理领域得到了广泛应用,大部分预训练模型采用的是自监督学习范式,通过预训练在下游任务上微调使模型得到巨大提升。Devlin 等[20]采用掩码语言模型和下一句预测为自监督学习损失来训练文本词向量表示模型,同时在不同下游任务上微调,最后结果得到巨大提升。Soares 等[88]通过一种匹配空白的关系预训练方法,通过实体连接的文本构建与任务无关的关系表示,并在多个关系抽取任务上微调实现最佳结果。Wang 等[89]为解决训练数据的瓶颈,用多任务方法组合两个自监督的语言不流利检测任务,并在特定任务上微调,通过少量标注数据获得了性能提升。

### 3.2.2　开放世界分类

实际上,模型需要将已知(可见类的)数据分类到它们各自的类别中,并拒绝/检测来自未知(不可见类)的实例。这个问题被称为开放世界学习(或开放世界分类)[90,91]。初期,研究人员使用传统的基于机器学习的方法来解决这个问题。Scheirer 等[92]提出了一种 1-vs-set 机器,旨在从二元支持向量机的边缘距离构造一个决策空间。Jain 等[93]估计开集问题的非归一化后验概率,并用统计极值理论拟合概率分布。Bendale 和 Boult[91]扩展了最接近类均值分类器,计算未知类中心与已知类中心之间的距离。然而,这些方法需要真实的负样本来选择决策边界或概率阈值。

近年来,基于深度学习的方法因其强大的表达能力而受到越来越多的关注。Bendale 和 Boult[94]首先提出用 OpenMax 代替 Softmax 层,OpenMax 用 Weibull 分布校准输出概率。DOC[95]使用 Sigmoids 的 1-vs-rest 最后一层,并通过高斯拟合收紧 Sigmoid 函数的决策边界来检测未知类。这些方法需要一个阈值来区分已知和未知,同时面临阈值选择的挑战。Oza 和 Patel[96]提出了一种条件自动编码器(C2AE),它使用统计建模的极值理论对重构误差进行建模,并选择阈值来识别已知/未知类的样本。然而,它们需要使用额外的生成模型生成新的训练实例。Zhou 等[97]提出学习开放集问题的占位符,通过为数据和分类器分配占位符来为未知的类做准备。尽管如此,这些方法仍然需要额外的训练参数来检测未知的类。

目前已有的许多关系抽取研究都有一个假设,那就是模型运行在没有开放关系的封闭世界中。Gao 等[98]在小样本关系分类任务中添加了对以上都不是(none-of-the-above,NOTA)关系的检测,这表明查询实例不表达任何给定的关系。但是,NOTA 与开放分类不同,因为任务设置不同,在测试阶段检测查询实例时它包含多个支持实例。所以本书将研究在开放领域下,使模型既能正确分类已知关系又要检测未知关系。

### 3.2.3　无监督聚类

许多经典的聚类算法已被应用到关系聚类中,如基于划分的算法[99]、基于密度的算法[100]和基于图的算法[101]。然而,对于高维数据,聚类性能很差,无法在聚类前学习到关系语义特征。最近,一些研究集中在基于深度神经网络的聚类[102-106],它可以融合聚类和特征学习。Caron 等[103]提出了 DeepCluster 方法,该方法使用 k-means 对特征进行分组,并分配标签作为监督信号,迭代更新网络权值。Caron 等[107]融合了自我监督和聚类,从大规模数据中获取互补信息,并验证了非策划数据的表示学习能力。Zhan 等[104]提出了一种在线聚类框架,该框架同时进行聚类和网络更新,而不是交替进行。本书的重点是学习数据聚类中的良好特征表示,以发现新的关系。

### 3.2.4　深度度量学习

正如在计算机视觉领域中广泛使用的那样,深度度量学习（deep metric learning,DML）通常用于通过特定的损失函数来学习样本到特征的映射 $\|f(\cdot)\|$。损失函数在 DML 框架中起着至关重要的作用。最近已经提出了各种损失函数。Wang 等[108]提出了一种新颖的损失函数,即大边距余弦损失（LMCL）,其引入了一个余弦边际余量来进一步最大化所学习的特征在角度空间的决策边界。Wang 等[109]提出了一种基于集合的排序动机结构化损失来学习判别嵌入。Kim 等[110]提出了一种新的基于代理的损失,它使用基于样本对和基于代理样本点的方法来提高模型的收敛速度。Sun 等[111]提出了圆形损失,它利用重新加权每个相似性来突出未优化的相似性分数,获得圆形决策边界以实现更好的收敛。计算机视觉的成功证明了 DML 在学习特征表示方面的强大潜力。在本书将使用 DML 来学习数据中的语义知识,使模型有效地发现新的关系。

### 3.2.5　持续学习

现有的持续学习模型主要集中在 3 个领域:①基于正则化的方法[112-113],通过施加约束项来更新历史任务中重要的神经网络权重从而来缓解灾难性遗忘;②动态架构方法[114-115],动态扩展模型架构以学习新任务,并有效防止忘记旧任务,然而这些方法不适合 NLP 应用问题,因为模型大小会随着任务的增加而急剧增加;③基于记忆的方法[116-119],从旧任务中保存一些样本,并在新任务中不断学习它们,以减轻灾难性遗忘。Dong 等[120]提出了一个简单的关系蒸馏增量学习框架,以平衡保留旧知识和适应新知识。Yan 等[121]提出了一种新的两阶段学习方法,该方法使用动态可扩展表示来进行更有效的增量概念建模。

在这些方法中,基于记忆的方法在 NLP 任务[122-124]中最为有效。受基于记忆的方法在 NLP 领域的成功,启发本书使用记忆重放的框架来学习不断出现的新关系。

### 3.2.6 对比学习

对比学习(contrastive learning,CL)旨在使相似样本的表示在特征空间中彼此更接近,而不同样本的特征表示应该更远[125]。近年来,CL 的兴起在自监督表示学习方面取得了长足的进步[126-129]。这些方法的共同点是数据集没有可用的类型标签。因此,正负对是通过数据增强形成的。最近,有监督的对比学习[130]受到了很多关注,它使用标签信息来扩展对比学习。Hendrycks 等[131]将监督对比损失与 ImageNet-C 数据集上的交叉熵损失进行比较,并验证监督对比损失对优化器的超参数设置或数据增强不敏感。Chen 等[132]提出了一种用于视觉表示的对比学习框架,不需要特殊的架构或记忆库。Khosla 等[130]将自监督批量对比方法扩展到完全监督设置,它使用监督对比损失学习更好地表示。Liu 和 Pieter [133]提出了一种基于能量模型的混合判别生成训练方法。在本书中,对比学习应用于持续关系抽取,以提取更好的关系表示。

## 3.3 本章小结

在开放关系检测方面,当前的实体关系抽取方法还未将开放关系检测作为一个具体任务,但在真实的开放域场景下,所获得的语料往往是一些有标注的数据和大量的无标注数据,如何对已知关系进行分类的同时,使模型检测出没有先验知识的未知关系是值得研究的。在开放关系发现方面,现有大部分关系抽取模型假设具有封闭的关系集合,但开放域自然语言语料中包含大量开放的实体关系,而且新关系的数量仍在不断增长中,如何利用深度学习模型自动发现不同领域中实体间的新关系并实现开放关系抽取,实现开放域下的知识发现,是值得深入研究的问题。另外,在实际场景中可能具有某些非专业领域的标注数据,但缺乏对齐的标注数据,而无监督实体关系发现方法所能学习到的信息量是有限的,如何有效利用标注数据中的关系语义知识,帮助模型发现大量无标注数据中的新关系,是实现开放领域关系抽取的关键问题。在实体关系持续学习方面,随着新的实体关系不断出现,现有的模型总是假定一组预定义的关系并在固定的数据集上进行训练,无法很好地处理现实生活中不断增长的关系类型。如何帮助模型学习新关系的同时,保持对旧关系的准确分类,实现模型对实体关系的持续学习,是值得深入研究的问题。另外,目前存在的一些实体关系持续学习方法大多是基于记忆重放的,但随着学习的实体关系的增加,在记忆重放的过程中利用到的语义知识是不充分的,如何更加有效地利用记忆中的样本,使模型能够保持稳定的学习能力,是实现实体关系持续学习的关键问题。

本书将结合图神经网络、自监督学习、开放世界分类方法、无监督聚类、深度度量学习、持续学习和对比学习来克服以上挑战,进而实现开放域下的实体关系抽取。

本书主要内容安排:本书内容总体论述上,分别从命名实体识别、面向垂直领域的关系抽取和面向开放领域的关系抽取 3 个层次上依次系统化地论述人机对话信息中的命名实体识别与关系抽取问题。本书的第 2 篇从识别文本中的命名实体最基本的问题求解方法开始讨论,分别重点介绍了基于 S-LSTM 构建英文 NER 新的上下文词状态与句子状态表示模型、基于句子语义与 Self-Attention 机制的中文和英文命名实体识别模型,以及针对中文融合了拼音特征与五笔特征的 NER 模型,并深入对比了不同实体识别方法的优劣。在本书的第 3 篇,在实体识别的基础上,重点介绍面向垂直领域的实体关系抽取问题,进一步挖掘实体之间所存在的关系。第 4 篇在垂直领域关系抽取的基础上,进一步探讨了如何针对开放领域所进行实体关系抽取。同时,第 4 篇在上述研究工作的基础上呈现了笔者通过开放共享的方式提供的开放域文本关系抽取实验演示平台,为开展本方面工作的相关人员提供重要的平台支撑。

# 本 篇 小 结

近年来,对话系统和信息抽取的研究受到学术界和工业界的广泛关注。本篇主要围绕其中关键的命名实体识别、实体关系抽取任务两个方面对当前的命名实体识别方法和实体关系分析方法进行了系统化的介绍。

首先,在命名实体识别方面,分别综述了命名实体识别的相关工作,以及用于实体识别任务的相关深度学习方法。通过对命名实体识别算法进行基本概述,将本书的工作方法与已有的研究工作进行对比,并指出其存在的问题,针对相应的问题提出了相应的解决方法。

其次,在将句子或文档进行命名实体识别的基础上,紧接着就是进行实体关系抽取,即将文本中包含的知识三元组进行抽取。根据垂直领域关系抽取可以分为远监督关系抽取、小样本关系抽取、文档关系抽取及实体和关系的联合抽取。针对当前方法的不足,本书融合了卷积神经网络、图神经网络、对抗训练等策略,提升了模型的鲁棒性和抽取性能。

最后,在真实的开放领域,关系种类和数量在不断增长。因此,本篇面向开放领域的关系抽取进行综述性介绍,并详细分析了每种方法的适用场景。针对当前面向开放领域下关系抽取方法存在的不足,本书将探究如何有效利用自监督学习、持续学习、对比学习机制,引导模型可以对开放关系进行检测、发现及持续学习的方法。

# 第 2 篇

# 对话信息中的命名实体识别

本篇将介绍本书在对话信息中的命名实体识别(NER)的研究,分别从英文 NER 角度、中文 NER 角度、英文和中文 NER 同时考虑的角度,较为全面地对 NER 进行探究。在英文 NER 模型中,本篇构建了新的上下文词状态与句子状态表示模型,使得模型能更好地获得句子中词的局部信息与全局信息表示,帮助 NER 模型更好地预测实体标签;在中文 NER 模型中,本篇提出了一种融合了拼音特征与五笔特征的中文 NER 模型,弥补了汉字的语音特征、结构特征和语义特征的缺失;在英文和中文 NER 模型中,本篇介绍了一种基于句子语义与 Self-Attention 机制的中文和英文 NER 模型,使得句子中的每个词获得了丰富的句子语义信息,并且加强了句子中每个词的长远距离依赖,该模型不仅适用于英文 NER 任务,还同时适用于中文 NER 任务。

# 第 4 章

# 基于 S-LSTM 的上下文词状态与句子状态表示模型

## 4.1 概　　述

大多数早期的命名实体识别系统都依赖于 BiLSTM 获得词的上下文特征表示,尽管 BiLSTM 是文本表示的一个非常强大的工具,但是它也存在明显的不足。例如,当前的隐层状态的计算依赖之前隐状态,会极大地限制模型的并行计算效率。与 BiLSTM 进行循环操作时一次处理一个词不同的是,sentence-state LSTM(S-LSTM)每一步都对所有词的隐含状态进行建模,同时执行单词之间局部与全局的信息交换。本章基于 S-LSTM 提出了两个 NER 模型。第一个是将经过 BiLSTM 获得的上下文词状态作为 S-LSTM 的输入构建新的句子状态表示,命名为 Contextual word state S-LSTM。第二个使用一个门控机制将前一时刻的句子级状态与当前时刻的上下文词状态进行连接,简称为 CWS 模型,可以增强每个词的全局信息表示,这个模型的灵感来自于 S-LSTM,可以看作是 S-LSTM 的一个改进版,参数量减少了一些,相应的模型性能也获得了一定的提升。

此外,本章还基于两层的 BiLSTM 获得上下文词表示,作为上述两种模型的输入。首先是获得基于 GloVe 的词嵌入和基于 BiLSTM 的字符嵌入,可以有效缓解未登录词的问题,使用 Attention 将两种嵌入进行特征融合,可以使模型自动地选择两种表示信息,在第一层 BiLSTM 的输出处加入额外的词表示,使得每个词表达的信息更丰富,最终获得上下文词表示作为 Contextual Word State S-LSTM 模型和 CWS 模型的输入。

## 4.2 基于 GloVe 的词嵌入

基于 GloVe 算法学习词嵌入得到了广泛的关注,这个算法虽然不如 Word2vec 和 Skip-gram 模型用得多,但是有很多人仍然热衷于使用它,因为这个算法比较简单,而且 Word2vec 只考虑了词的局部信息,没有考虑词与局部窗口外的联系,GloVe 利用共现矩阵,同时考虑了局部信息和整体信息[11]。在本书的方法阐述中,英文的 NER 数据集都是采用预训练的 GloVe 词嵌入来初始化词级别的输入,并在模型的训练过程中进行微调,这样能使模型的性能达到最优。GloVe 算法就是使得语料库中相近的两个词关系明确化。GloVe 的意思是 global vectors for word representation，代表用词表示的全局变量。假设 $X_{ij}$ 是单词 $i$ 在单词 $j$ 上下文中出现的次数。对于 GloVe 算法，可以定义上下文和目标词为任意两个位置相近的单词，假设是左右各 10 个词的距离，那么 $X_{ij}$ 就是一个能够获取单词 $i$ 和单词 $j$ 出现位置相近时或是彼此接近的频率的计数器。

对于每一组词对：

$$\boldsymbol{w}_i^{\mathrm{T}} \boldsymbol{w}_j + \boldsymbol{b}_i + \boldsymbol{b}_j' = \ln(X_{ij}) \tag{4-1}$$

其中：$\boldsymbol{w}_i$ 向量代表主词；$\boldsymbol{w}_j$ 代表上下文词向量；$\boldsymbol{b}_i$ 和 $\boldsymbol{b}_j'$ 是主词和上下文词的偏差。

定义损失函数为

$$J = \sum_{i=1}^{10\,000} \sum_{j=1}^{10\,000} f(X_{ij}) (\boldsymbol{w}_i^{\mathrm{T}} \boldsymbol{w}_j + \boldsymbol{b}_i + \boldsymbol{b}_j' - \ln x_{ij})^2 \tag{4-2}$$

其中：$f$ 是帮助模型避免只学习到常见词到一个权重函数。GloVe 模型做的就是将上下文和目标词之间的距离进行优化，也就是最小化公式(4-2)损失函数。

## 4.3 基于双向 LSTM 的字符级向量表示

目前的神经网络模型通常使用词级别嵌入，这使得它们能学到语义或功能相似的单词的类似特征表示。虽然使用词级别嵌入对于模型来说是一个重要的改进，但是仍然有不足之处。其中最明显的一个问题是不能很好地处理未登录词（OOV）。未登录词指训练时未出现，测试时出现了的单词。当基于词级别模型处理未登录词时通常会返回一个通用的 OOV 表示。对于这些很少出现的单词，由于缺乏训练数据，它们的词嵌入质量很低。这类方法在参数使用方面也存在一定的问题。例如，某些单词的后缀很有可能表示这些单词的词性信息，但是这些信息被编码到每个单独的嵌入中，而不是在整个词汇表之间共享。在本节中，将用基于双向 LSTM 获得词的字符级表示。首先详细回顾一下 LSTM 网络和双向 LSTM 网络的基本知识。

### 4.3.1 LSTM 神经网络

普通的全连接神经网络都只能单独处理模型的每一个输入，这样会使得当前的输入和前一个的输入完全没有关系。但是在序列任务中，要求能够更好地处理序列信息，即使当前的输入与前一个的输入是有关系的。例如，在进行命名实体识别时，会给定一个句子要你识别出句中的人名、地名和组织名等。假设模型的输入语句是这样的："Harry Potter and Herminoe Granger invented a new spell"。Harry Potter 是一个人名。可以直接使用普通的全连接层来做，把句子中的每个词输入到神经网络中（图 4.1）。像这样的神经网络模型,它不能很好的利用从文本的不同的位置上学到的特征。具体来说,如果神经网络已经学习到了在位置 1 出现的 Harry 可能是人名的一部分,那么如果 Harry 出现在其他位置时,它应该也能够自动识别其为人名的一部分。在循环网络中,首先输入第一个词,让神经网络预测输出判断这是否是人名的一部分,当输入到第二个词时,它也会输入一些来自上一个词或者是时间步的信息。以此类推,下一个时间步会利用当前时间步的信息,一直到最后一个时间步。所以,在每一个词或者是时间步中,循环神经网络都会传递一个信息到下一个词或者是时间步中参与计算。在一个句子中,当前词的实体标签识别很大程度上依赖前一个词的实体标签。Potter 实体标签的识别与 Harry 有很大的关系。所以,通过使用 RNN 可以更好地处理此序列信息。

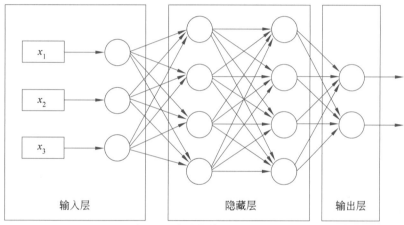

图 4.1　全连接神经网络结构

循环神经网络是一种基础的序列编码网络。它可以通过循环将任意长度的序列进行建模,从而表示成一定长度的向量,与此同时还可以关注到输入序列的结构化属性。因此,这种深度学习模型被广泛使用,如图 4.2 所示。

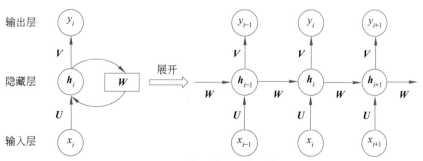

图 4.2　循环神经网络结构

具体来讲,循环神经网络以顺序的方式从左到右处理序列数据 $X_i$,通过转移函数编码得到每一步的隐状态向量 $h_i$,$h_i$ 的值不仅取决于当前的输入 $X_i$,还取决于前一个时间步的隐状态向量 $h_i$,其可以表示为

$$h_i = f(UX_i + Wh_{i-1}) \tag{4-3}$$

$$y_i = g(Vh_i) \tag{4-4}$$

其中:$W$、$U$ 和 $V$ 是模型的训练参数;$f$ 是激活函数,可以是 tanh 等;$g$ 是 Softmax 函数,可以把隐状态 $h_i$ 视为"记忆体",捕捉到了之前时间步的信息;输出 $y_i$ 由当前时间步及之前所有的"记忆体"共同计算得到。

　　虽然循环神经网络可以学习到之前的信息,然而,考虑到循环网络的特征,$h_i$ 需要经过 $i$ 次循环才能得到,这种方法显然不太适合较长的序列。因此,其存在长期依赖的问题。随着时间间隔的不断增大,循环次数增多,循环神经网络会丧失学习远程信息的能力。换句话说,循环神经网络的记忆容量有限,序列数据越长、离得越远的输入学到信息越少。并且,在训练模型参数时,还会导致梯度消失问题。因此,LSTM 可以专门用来对于较长序列数据进行建模,并且很好地解决了梯度消失问题。

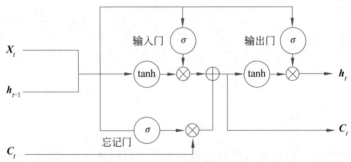

图 4.3　长短期记忆网络细胞结构

　　如图 4.3 所示,长短期记忆网络通过引入改造过的记忆细胞 $C_t$ 来解决梯度消失问题。记忆细胞 $C_t$ 可以看作是前面隐状态向量 $h_1$,$h_2$,$\cdots$,$h_{t-1}$ 的一个组合,隐状态向量 $h_t$ 是通过 $C_t$ 计算得到的。因此,当前的隐状态向量便可以跨越长距离直接使用之前较早的隐状态向量,可以学习到序列中长距离依赖信息,从而解决了梯度消失问题。长短期记忆网络便可以拥有长期记忆的功能,其公式可以表示为

$$f_t = \sigma(W_f h_{t-1} + U_f X_t + b_f) \tag{4-5}$$

$$i_t = \sigma(W_i h_{t-1} + U_i X_t + b_i) \tag{4-6}$$

$$C'_t = g(W_c h_{t-1} + U_c X_t + b_c) \tag{4-7}$$

$$C_t = f_t * C_{t-1} + i_t * C'_t \tag{4-8}$$

$$O_t = \sigma(W_O h_{t-1} + U_O X_t + b_O) \tag{4-9}$$

$$\boldsymbol{h}_t = \boldsymbol{O}_t * \tanh(\boldsymbol{C}_t) \qquad (4\text{-}10)$$

其中：* 表示 pointwise 乘法操作；$X_t$ 是当前时间步的输入；$\boldsymbol{h}_{t-1}$ 是前一个时间步的隐状态；$\boldsymbol{h}_t$ 是当前时间步的隐状态；$\boldsymbol{W}_x$、$\boldsymbol{U}_x$ 和 $\boldsymbol{b}_x (x \in f, i, c, O)$ 是模型的训练参数。Sigmoid 层是输出 0~1 的概率值，0 代表不允许任何量通过，1 代表允许任意量通过，其实描述每个部分有多少量可以通过。LSTM 主要是由 3 个门控机制来控制信息的流动。第一个是遗忘门 $f_t$，其决定从细胞状态中需要丢弃的信息，当在记忆一句话时，模型看到了新的代词，那就对于旧的代词就需要忘记。遗忘门 $f_t$ 的作用就是找到这个旧的代词，然后与上一个时间步细胞状态 $\boldsymbol{C}_{t-1}$ 做点积，达到忘记部分信息的作用。第二个是输入门 $i_t$，决定着要在 $\boldsymbol{C}_t$ 中放入什么样新的信息。此外，tanh 层还会创建一个临时的候选值向量 $\boldsymbol{C}_t'$，然后与 $i_t$ 做点积获得新的输入信息。第三个就是输出门 $\boldsymbol{O}_t$，对当前细胞状态 $\boldsymbol{C}_t$ 执行有选择性的输出。首先 $\boldsymbol{C}_t$ 会根据 $f_t$ 与 $i_t$ 进行状态更新，接着用 tanh 层来处理 $\boldsymbol{C}_t$ 得到一个 $-1$~$1$ 的值，最后与输出门 $\boldsymbol{O}_t$ 做点积，确定模型要输出的哪一部分信息。至此，LSTM 的一个细胞状态更新完成。

### 4.3.2　双向 LSTM 神经网络

然而，在给定的一个句子中，如"Teddy Roosevelt was a great President"，要想判断 Teddy 是否是人名的一部分，仅知道句子中前两个词是远远不够的，后面的信息也很重要。所以，如果仅使用 LSTM 网络就只能使用当前时刻及之前的信息，无法使用句子后面的信息。双向 LSTM 可以很好地解决此问题。直观地理解，双向 LSTM 就是两个方向的 LSTM 平行叠加。其公式可以表示为

$$\overrightarrow{\boldsymbol{h}_t} = \text{LSTM}(x_t, \overrightarrow{\boldsymbol{h}_{t-1}}) \qquad (4\text{-}11)$$

$$\overleftarrow{\boldsymbol{h}_t} = \text{LSTM}(x_t, \overleftarrow{\boldsymbol{h}_{t+1}}) \qquad (4\text{-}12)$$

$$\boldsymbol{h}_t = [\overrightarrow{\boldsymbol{h}_t}; \overleftarrow{\boldsymbol{h}_t}] \qquad (4\text{-}13)$$

其中：$x_t$ 是当前时刻的输入；$\overrightarrow{\boldsymbol{h}_t}$ 和 $\overleftarrow{\boldsymbol{h}_t}$ 分别是前向 LSTM 与反向 LSTM 的隐状态向量；$\boldsymbol{h}_t$ 是由两个方向的隐状态进行拼接得到的最终的双向 LSTM 隐状态向量。

### 4.3.3　字符级向量表示模型

具有规则的前后缀的词具有形态的相似性，它们可以共享一些字符级特征。字符级向量不仅可以应用到命名实体识别任务上，还可以应用到其他的 NLP 任务中。在本节，将要使用双向 LSTM 对字符级向量进行建模。

如图 4.4 所示，描述了一个词从它的字符中获得字符级向量表示的模型，以 LOVE 一词为例，由于模型是基于字符输入的，词需要分割成单个的字符，每个字符分别被送到

前向的 LSTM 和反向的 LSTM 去捕捉过去和未来的信息。每个 LSTM 网络的最后一个隐状态向量连接在一起生成每个词的字符级向量表示。其公式可以表示为

$$\overrightarrow{\boldsymbol{h}_t} = \mathrm{LSTM}(c_t, \overrightarrow{\boldsymbol{h}_{t-1}}) \tag{4-14}$$

$$\overleftarrow{\boldsymbol{h}_t} = \mathrm{LSTM}(c_t, \overleftarrow{\boldsymbol{h}_{t+1}}) \tag{4-15}$$

$$\boldsymbol{h}_c = [\overrightarrow{\boldsymbol{h}_1}; \overleftarrow{\boldsymbol{h}_f}] \tag{4-16}$$

其中：$c_t$ 表示一个字符序列$(c_1, c_2, \cdots, c_f)$中的某一个；$f$ 代表字符序列的长度；$\overrightarrow{\boldsymbol{h}_t}$ 和 $\overleftarrow{\boldsymbol{h}_t}$ 分别是前向 LSTM 与反向 LSTM 的隐状态向量；$\boldsymbol{h}_c$ 是最终要获得的字符级向量。

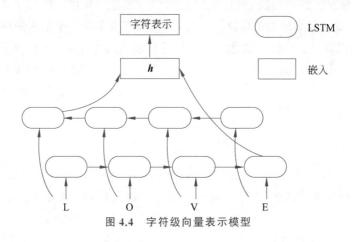

图 4.4　字符级向量表示模型

## 4.4　基于 Attention 机制的词向量与字符向量连接

模型的输入有单词嵌入和字符级嵌入，每个单词学习丰富的语义特征。以往，对这两种嵌入的结合大多只是简单地拼接，本节是专门构建了一个网络，允许模型本身决定如何选择这两种词信息，基于一种 Attention 机制将两种向量连接。

这里的 Attention 本质上是一种权重，由两层的神经网络全连接层预测。最后，词向量与字符向量被训练的权重连接在一起作为模型的输入向量表示。公式如下：

$$\boldsymbol{y} = \tanh(\boldsymbol{W}_1 \boldsymbol{w} + \boldsymbol{W}_2 \boldsymbol{c}) \tag{4-17}$$

$$\boldsymbol{A} = \sigma(\boldsymbol{W}_3 \boldsymbol{y}) \tag{4-18}$$

$$\boldsymbol{x}_{\mathrm{input}} = \boldsymbol{A} * \boldsymbol{w} + (1 - \boldsymbol{A}) * \boldsymbol{c} \tag{4-19}$$

其中：$*$ 表示 pointwise 乘法操作；$\boldsymbol{W}_1$、$\boldsymbol{W}_2$ 和 $\boldsymbol{W}_3$ 是权重向量；$\boldsymbol{y}$ 是第一层全连接层的输出；$\boldsymbol{A}$ 是第二层全连接层的输出，是最终连接两种向量的权重；$\sigma$ 和 $\tanh$ 是激活函数；$\boldsymbol{w}$ 表示词向量；$\boldsymbol{c}$ 表示字符级向量；$\boldsymbol{x}_{\mathrm{input}}$ 是这两种向量的结合，即模型的最终输入。

## 4.5　预训练的额外词表示

在模型中,需要添加一个从语言模型中预训练的额外词表示。这种预训练的词表示叫作 embeddings from language models(ELMo)[19],ELMo 是一种新型的深层上下文词表示,是从深层的双向语言模型中的内部状态学习而来的,学习到了双向语言模型所有层的函数,更具体地说,学习到了在每个任务上的每个输入词上堆叠的向量的线性组合,这显著提高了仅使用顶层 LSTM 的性能。以这种方式组合内部状态可以获得非常丰富的单词表示,较高级别的 LSTM 状态可以捕捉词义的上下文依赖特征(可用于词义消歧),而较低级别的状态可以学习到语法方面的知识(可用于词性标注),ELMo 模型可以选择对最终任务最有益的半监督类型。最后学到的这些词表示很容易加入到问答系统、文本分类和 NER 等任务中。

### 4.5.1　双向语言模型

语言模型就是文本生成预测的方法,是计算一个有 $N$ 个词的序列 $(t_1, t_2, \cdots, t_N)$ 的极大似然概率,前向语言模型就是,已知 $k-1$ 个词 $(t_1, t_2, \cdots, t_{k-1})$,预测下一个词 $t_k$ 的概率。公式如下:

$$p(t_1, t_2, \cdots, t_N) = \prod_{k=1}^{N} P(t_k \mid t_1, t_2, \cdots, t_{k-1}) \tag{4-20}$$

神经网络语言模型[134]首先会利用字符级的 RNN 或 CNN 计算得到上下文无关词向量表示 $x_k^{LM}$,然后将 $x_k^{LM}$ 送入到 $L$ 层的前向 LSTM 中,每一个时间步,每个 LSTM 层都会输出一个 $\overrightarrow{h}_{k,j}^{LM}$,其中:$j = 1, 2, \cdots, L$。最顶层的 LSTM 输出为 $\overrightarrow{h}_{k,j}^{LM}$,然后加入 Softmax 层来预测下一个词 $t_{k-1}$。

反向的语言模型类似于前向语言模型,它是以相反的方式计算序列,根据未来的上下文信息预测当前的词,公式如下:

$$p(t_1, t_2, \cdots, t_N) = \prod_{k=1}^{N} P(t_k \mid t_{k+1}, t_{k+2}, \cdots, t_N) \tag{4-21}$$

它的实现方式与前向语言模型类似,通过给出 $(t_{k+1}, t_{k+2}, \cdots, t_N)$,计算得到每个 LSTM 层的表示 $\overleftarrow{h}_{k,j}^{LM}$。

双向语言模型结合了前向与反向的语言模型,最大化了前向和反向模型的联合似然函数,公式如下:$\sum_{k=1}^{N} (\ln P(t_k \mid t_1, t_2, \cdots, t_{k-1}; \theta_x, \overrightarrow{\theta}_{LSTM}, \theta_s) + \ln P(t_k \mid t_{k+1}, t_{k+2}, \cdots, t_N;$ $\theta_x, \overleftarrow{\theta}_{LSTM}, \theta_s))$。其中:$\theta_x$ 是上下文无关词向量的参数;$\theta_s$ 是 Softmax 层的参数;$\overrightarrow{\theta}_{LSTM}$ 和 $\overleftarrow{\theta}_{LSTM}$ 分别是前向 LSTM 与反向 LSTM 模型的参数。此模型在两个方向上共享了一些权

重,而不是使用各自方向上完全独立的参数。

### 4.5.2　ELMo

ELMo 是双向语言模型多层表示的任务特定组合。对于某一个词 $t_k$,一个 $L$ 层的双向语言模型能够由 $2L+1$ 个向量表示,其公式为

$$R_k = \{x_k^{\text{LM}}, \overrightarrow{\boldsymbol{h}}_{k,j}^{\text{LM}}, \overleftarrow{\boldsymbol{h}}_{k,j}^{\text{LM}} \mid j = 1,2,\cdots,L\} = \{\boldsymbol{h}_{k,j}^{\text{LM}} \mid j = 1,2,\cdots,L\} \tag{4-22}$$

其中: $\boldsymbol{h}_{k,j}^{\text{LM}} = [\overrightarrow{\boldsymbol{h}}_{k,j}^{\text{LM}}; \overleftarrow{\boldsymbol{h}}_{k,j}^{\text{LM}}]$。ELMo 将多层的双向语言模型的输出 $R$ 整合成一个向量, $\text{ELMo}_k = \boldsymbol{E}(R_k; \theta_e)$。最简单的情况是 ELMo 仅仅使用最顶层的输出,即 $\boldsymbol{E}(R_k) = \boldsymbol{h}_{k,L}^{\text{LM}}$,类似于 TagLM[135] 和 CoVe[136] 模型。然而,最好的 ELMo 模型是计算所有的双向语言模型层的特定任务权重。公式如下:

$$\text{ELMo}_k^{\text{task}} = \boldsymbol{E}(R_K, \theta^{\text{task}}) = \gamma^{\text{task}} \sum_{j=0}^{L} s_j^{\text{task}} \boldsymbol{h}_{k,j}^{\text{LM}} \tag{4-23}$$

其中: $s_j^{\text{task}}$ 是经过正则化的 Softmax 学到的权重;标量参数 $\gamma^{\text{task}}$ 允许任务模型缩放整个 ELMo 向量的大小; $\gamma$ 本质上是一个缩放因子,不同的任务可以控制不同的向量的大小。

图 4.5 描述了基于双向 LSTM 的 ELMo 词向量运算过程,但是 ELMo 词向量不仅可以使用双向 LSTM,还可以使用卷积神经网络。在本书中,使用 One Billion Word Language Model Benchmark[137] 预训练 ELMo 模型。该数据集是为训练语言模型所提出的一个公共可用的大量无标注数据集,大约 800MB 的词,是从 WMT2011 爬取的新闻数据。然后,使用预训练好的 ELMo 模型为训练数据中的每一个词生成额外的词表示。最后,将 ELMo 词表示与第一层 BiLSTM 输出的隐状态进行拼接可得 $\boldsymbol{h}_1^i = [\overrightarrow{\boldsymbol{h}}_1^i; \overleftarrow{\boldsymbol{h}}_1^i; \text{ELMo}_i]$,$\overrightarrow{\boldsymbol{h}}_1^i$ 和 $\overleftarrow{\boldsymbol{h}}_1^i$ 分别是第一层前向 LSTM 与反向 LSTM 的隐状态。

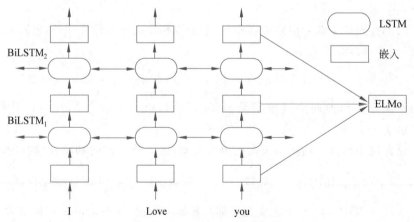

图 4.5　ELMo 词向量运算过程

# 4.6　上下文词状态表示

LSTM 可以逐层地堆叠成多层网络,同理,双向 LSTM 也可以按照此方式进行堆叠增强模型的表示能力,底层的输出作为高层的输入。从某些任务上的观测经验得出,深层次的 LSTM 的确要比浅层的好。Sutskever 等[138]提出的序列到序列的模型中,使用了 4 层的深度模型,在机器翻译上取得了关键性的进展。

图 4.6 展示了使用两层 BiLSTM 生成上下文词表示的过程,输入向量由词级向量与字符级向量组成,模型的输入向量输入到第一层双向 LSTM 中生成隐状态表示 $h_1^1$,然后 $h_1^1$ 连接预训练的 ELMo 词向量送入到第二层双向 LSTM 中生成隐状态表示 $h_2^1$,$h_2^1$ 用于 S-LSTM 和 CWS 的输入。

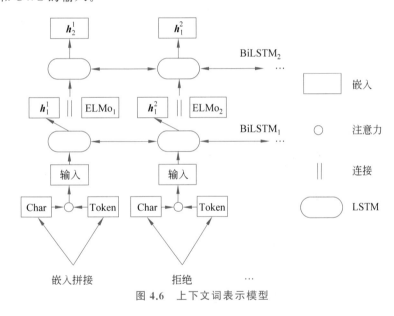

图 4.6　上下文词表示模型

# 4.7　基于 S-LSTM 构建面向命名实体识别的新的句子状态表示

双向长短期记忆神经网络是文本表示的一个非常强大的工具,但是它也存在明显的不足。例如,当前的隐层状态的计算依赖之前状态,这极大地限制了模型的并行计算效率。与 LSTM 进行循环操作时一次处理一个词不同的是,S-LSTM 每一步都对所有词的隐含状态进行建模,同时执行单词之间局部与全局的信息交换。模型将整个句子表示成一个状态,该状态由每个词的状态及一个全局句子级状态组成,并通过循环操作进行全局信息交换,因此,称之为 Contextual Word State S-LSTM 模型。

在本节中,将由 4.6 节得到的上下文词状态 $h_2^i$ 作为 S-LSTM 的输入,使得每个词可以更好地捕捉局部和全局信息。如图 4.7 所示,S-LSTM 在时间步 $t$ 的状态可以表示为 $\boldsymbol{S}_t = (\boldsymbol{s}_t^1, \boldsymbol{s}_t^2, \boldsymbol{s}_t^3, \cdots, \boldsymbol{s}_t^n, \boldsymbol{g}_t)$,其中:$\boldsymbol{s}_t^i$ 是上下文状态表示 $\boldsymbol{h}_2^i$ 的隐状态向量,$\boldsymbol{g}_t$ 是整个句子的状态向量。

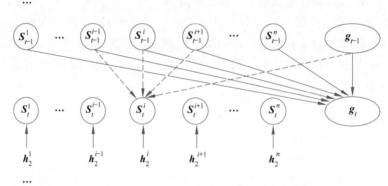

图 4.7　**Contextual Word State S-LSTM**

S-LSTM 使用循环的状态转换过程对子状态之间的信息进行建模。$\boldsymbol{S}_{t-1}$ 到 $\boldsymbol{S}_t$ 的状态转化过程由两部分组成:子词状态 $\boldsymbol{s}_{t-1}^i$ 到 $\boldsymbol{s}_t^i$ 的转换和子句子状态 $\boldsymbol{g}_{t-1}$ 到 $\boldsymbol{g}_t$ 的转换。

首先,介绍一下子词状态 $\boldsymbol{s}_{t-1}^i$ 到 $\boldsymbol{s}_t^i$ 转换的过程,其计算主要是根据 $\boldsymbol{h}_2^i$、$\boldsymbol{s}_{t-1}^{i-1}$、$\boldsymbol{s}_{t-1}^i$、$\boldsymbol{s}_{t-1}^{i+1}$ 和 $\boldsymbol{g}_{t-1}$ 的值。公式如下所示:

$$\boldsymbol{\varepsilon}_t^i = \left[\boldsymbol{s}_{t-1}^{i-1}; \boldsymbol{s}_{t-1}^i; \boldsymbol{s}_{t-1}^{i+1}\right] \tag{4-24}$$

$$\hat{f}_t^i = \sigma(\boldsymbol{W}_f \boldsymbol{\varepsilon}_t^i + \boldsymbol{U}_f \boldsymbol{h}_2^i + \boldsymbol{V}_f \boldsymbol{g}_{t-1} + \boldsymbol{b}_f) \tag{4-25}$$

$$\hat{l}_t^i = \sigma(\boldsymbol{W}_l \boldsymbol{\varepsilon}_t^i + \boldsymbol{U}_l \boldsymbol{h}_2^i + \boldsymbol{V}_l \boldsymbol{g}_{t-1} + \boldsymbol{b}_l) \tag{4-26}$$

$$\hat{r}_t^i = \sigma(\boldsymbol{W}_r \boldsymbol{\varepsilon}_t^i + \boldsymbol{U}_r \boldsymbol{h}_2^i + \boldsymbol{V}_r \boldsymbol{g}_{t-1} + \boldsymbol{b}_r) \tag{4-27}$$

$$\hat{k}_t^i = \sigma(\boldsymbol{W}_k \boldsymbol{\varepsilon}_t^i + \boldsymbol{U}_k \boldsymbol{h}_2^i + \boldsymbol{V}_k \boldsymbol{g}_{t-1} + \boldsymbol{b}_k) \tag{4-28}$$

$$\hat{z}_t^i = \sigma(\boldsymbol{W}_z \boldsymbol{\varepsilon}_t^i + \boldsymbol{U}_z \boldsymbol{h}_2^i + \boldsymbol{V}_z \boldsymbol{g}_{t-1} + \boldsymbol{b}_z) \tag{4-29}$$

$$o_t^i = \sigma(\boldsymbol{W}_o \boldsymbol{\varepsilon}_t^i + \boldsymbol{U}_o \boldsymbol{h}_2^i + \boldsymbol{V}_o \boldsymbol{g}_{t-1} + \boldsymbol{b}_o) \tag{4-30}$$

$$u_t^i = \tanh(\boldsymbol{W}_u \boldsymbol{\varepsilon}_t^i + \boldsymbol{U}_u \boldsymbol{h}_2^i + \boldsymbol{V}_u \boldsymbol{g}_{t-1} + \boldsymbol{b}_u) \tag{4-31}$$

$$(f_t^i, l_t^i, r_t^i, k_t^i, z_t^i) = \mathrm{Softmax}(\hat{f}_t^i, \hat{l}_t^i, \hat{r}_t^i, \hat{k}_t^i, \hat{z}_t^i) \tag{4-32}$$

$$c_t^i = l_t^i * c_{t-1}^{i-1} + f_t^i * c_{t-1}^i + r_t^i * c_{t-1}^{i+1} + z_t^i * u_t^i + k_t^i * c_{t-1}^g \tag{4-33}$$

$$s_t^i = o_t^i * \tanh(c_t^i) \tag{4-34}$$

其中：$c_t^i$ 表示词的上下文记忆细胞；$c_{t-1}^g$ 表示句子的上下文记忆细胞；$z_t^i$ 是门控机制控制着输入 $h_2^i$ 的信息流动；同样地，$f_t^i$、$l_t^i$、$r_t^i$ 和 $k_t^i$ 也是门控机制，分别控制着 $c_{t-1}^i$、$c_{t-1}^{i-1}$、$c_{t-1}^{i+1}$ 和 $c_{t-1}^g$ 的信息流动；$o_t^i$ 是输出门，把记忆细胞 $c_t^i$ 有选择性的输出隐状态 $s_t^i$；$W_x$、$U_x$ 和 $V_x$（$x \in f, l, r, k, z, o, u$）表示权重向量。$b_x$（$x \in f, l, r, k, z, o, u$）表示偏差向量。$\tanh$ 和 $\sigma$ 是激活函数。

以上是 $s_{t-1}^i$ 到 $s_t^i$ 的转换过程，接下来介绍一下子句子状态 $g_{t-1}$ 到 $g_t$ 的转换过程（图 4.7 右侧的椭圆），它的计算是基于 $s_{t-1}^i$ 和 $g_{t-1}$ 的值。公式如下所示。

$$\bar{s} = \mathrm{avg}(s_{t-1}^1, s_{t-1}^2, \cdots, s_{t-1}^n) \tag{4-35}$$

$$\hat{f}_t^g = \sigma(W_g g_{t-1} + U_g \bar{s} + b_g) \tag{4-36}$$

$$\hat{f}_t^i = \sigma(W_f g_{t-1} + U_f s_{t-1}^i + b_f) \tag{4-37}$$

$$o_t = \sigma(W_o g_{t-1} + U_o \bar{s} + b_o) \tag{4-38}$$

$$(f_t^1, f_t^2, \cdots, f_t^n, f_t^g) = \mathrm{Softmax}(\hat{f}_t^1, \hat{f}_t^2, \cdots, \hat{f}_t^n, \hat{f}_t^g) \tag{4-39}$$

$$c_t^g = f_t^g * c_{t-1}^g + \sum_i f_t^i * c_{t-1}^i \tag{4-40}$$

$$g_t = o_t * \tanh(c_t^g) \tag{4-41}$$

其中：$f_t^1, f_t^2, \cdots, f_t^n$（$n$ 是句子中词的长度）和 $f_t^g$ 分别控制着 $c_{t-1}^1, c_{t-1}^2, \cdots, c_{t-1}^n$ 和 $c_{t-1}^g$ 的信息流动；$o_t$ 是输出门，把记忆细胞 $c_t^g$ 有选择性的输出为隐状态 $g_t$；$W_x$ 和 $U_x$（$x \in g, f, o$）表示权重向量；$b_x$（$x \in g, f, o$）表示偏差向量。$\tanh$ 和 $\sigma$ 是激活函数。

通过使用上下文词状态 $h_2^i$ 作为 S-LSTM 模型的输入可以进一步增强词的局部和全局信息交换，生成新的句子状态表示 $S_t$，使用 $S_t$ 进行最终的标签预测。

## 4.8　基于改进 S-LSTM 构建面向命名实体识别的新的上下文词状态

尽管双向 LSTM 学习到了词的上下文信息，但每个词学到的全局信息依然很弱。通过结合整个句子的状态信息来获得更丰富的上下文词表示。使用一个门控机制去连接句子级信息和词级信息，结合上下文词状态和句子状态生成新的上下文词状态，简称为 CWS 模型。CWS 模型的灵感来自于 S-LSTM，摒弃了 S-LSTM 的记忆细胞。CWS 模型可以被看作是 Contextual Word State S-LSTM 的升级版。

如图 4.8 所示，每一个新的上下文状态 $S_t^i$ 都由 $h_2^i$ 和 $g_{t-1}$ 组成，公式如下：

$$\hat{k}_t^i = \sigma(W_k h_2^i + U_k g_{t-1} + b_k) \tag{4-42}$$

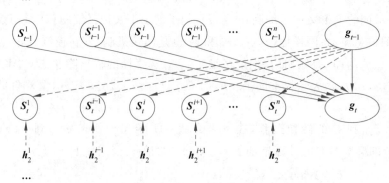

图 4.8　结合上下文词状态与句子状态

$$\hat{z}_t^i = \sigma(\boldsymbol{W}_z \boldsymbol{h}_2^i + \boldsymbol{U}_z \boldsymbol{g}_{t-1} + \boldsymbol{b}_z) \tag{4-43}$$

$$(k_t^i, z_t^i) = \mathrm{Softmax}(\hat{k}_t^i, \hat{z}_t^i) \tag{4-44}$$

$$\boldsymbol{s}_t^i = z_t^i * \boldsymbol{h}_2^i + k_t^i * \boldsymbol{g}_{t-1} \tag{4-45}$$

其中：$\boldsymbol{h}_2^i$ 是上下文词状态表示；$\boldsymbol{g}_{t-1}$ 是前一时刻的句子级状态；$k_t^i$ 和 $z_t^i$ 控制着信息从 $\boldsymbol{g}_{t-1}$ 和 $\boldsymbol{h}_2^i$ 到 $\boldsymbol{s}_t^i$ 的流动；$\boldsymbol{W}_x$ 和 $\boldsymbol{U}_x$（$x \in k, z$）表示权重向量；$\boldsymbol{b}_x$（$x \in k, z$）表示偏差向量；$\boldsymbol{g}_t$ 的计算是基于 $\boldsymbol{g}_{t-1}$ 和 $\boldsymbol{s}_{t-1}^i$ 的值，其公式如下。

$$\bar{s} = \mathrm{avg}(\boldsymbol{s}_{t-1}^1, \boldsymbol{s}_{t-1}^2, \cdots, \boldsymbol{s}_{t-1}^n) \tag{4-46}$$

$$\hat{f}_t^g = \sigma(\boldsymbol{W}_g \boldsymbol{g}_{t-1} + \boldsymbol{U}_g \bar{s} + \boldsymbol{b}_g) \tag{4-47}$$

$$\hat{f}_t^i = \sigma(\boldsymbol{W}_f \boldsymbol{g}_{t-1} + \boldsymbol{U}_f \boldsymbol{s}_{t-1}^i + \boldsymbol{b}_f) \tag{4-48}$$

$$(f_t^1, f_t^2, \cdots, f_t^n, f_t^g) = \mathrm{Softmax}(\hat{f}_t^1, \hat{f}_t^2, \cdots, \hat{f}_t^n, \hat{f}_t^g) \tag{4-49}$$

$$\boldsymbol{g}_t = f_t^g * \boldsymbol{g}_{t-1} + \sum_i f_t^i * \boldsymbol{s}_{t-1}^i \tag{4-50}$$

其中：$f_t^1, f_t^2, \cdots, f_t^n$（$n$ 是句子中词的长度）和 $f_t^g$ 分别控制着 $\boldsymbol{s}_{t-1}^1, \boldsymbol{s}_{t-1}^2, \cdots, \boldsymbol{s}_{t-1}^n$ 和 $\boldsymbol{g}_{t-1}$ 的信息流动。

## 4.9　标　签　预　测

为了计算每一个词的标签分数，本节使用了一个全连接的神经网络去获得一个分数向量，使得每个词为每个标签都对应一个分数：$s = \boldsymbol{W} \cdot \boldsymbol{h} + \boldsymbol{b}$。其中：$\boldsymbol{h}$ 是最终的状态表示（$\boldsymbol{s}_t$ 和 $\boldsymbol{s}_t^i$）；$\boldsymbol{W}$ 是权重向量；$\boldsymbol{b}$ 是偏差向量；"·"代表矩阵相乘；$s$ 是每个词的分数向量。

本节有两种方法进行最终的标签预测：第一种是在最外面接入预测标签；第二种是

在最外层使用条件随机场（CRF）层预测标签。Softmax 层为每个隐状态做独立的标签预测，与之前预测出的标签没有交互，公式为

$$p[i] = \frac{e^{s[i]}}{\sum\limits_{j=1}^{n} e^{s[i]}} \tag{4-51}$$

其中：$p[i]$ 是每个词对应的每个标签 $i$ 的可能性，其值是正的总和为 $1$；$n$ 是标签数量；$s[i]$ 是词对应标签 $i$ 的分数。

Softmax 层做的仍然是局部的选择，预测每个词标签时没有利用到相邻的标签。在 NER 任务中，有必要考虑到相邻标签之间的交互信息，例如，标签 I-PER 不可能跟在 B-LOC 的后面。因此，使用 CRF 层联合地解码标签序列，CRF 使得模型从所有可能的标签序列中找到最优路径。

使用 $x = (x_1, x_2, \cdots, x_n)$ 表示输入序列，$y = (y_1, y_2, \cdots, y_n)$ 表示经过模型预测 $x$ 得到的标签序列，$\mu(x)$ 表示经过模型预测 $x$ 的所有可能的标签序列集合。CRF 的概率模型在给定 $x$ 的所有可能的标签序列 $y$ 上定义了条件概率 $p(y \mid x)$，公式如下。

$$p(y \mid x) = \frac{\prod\limits_{i=1}^{n} \varepsilon_i(y_{i-1}, y_i, x)}{\sum\limits_{y' \in \mu(x)} \prod\limits_{i=1}^{n} \varepsilon_i(y'_{i-1}, y'_i, x)} \tag{4-52}$$

其中：$\varepsilon_i(y_{i-1}, y_i, x) = \exp(f(x_i, y', y))$；$f$ 是把词映射到标签的功能函数，具体定义为 $f(x_i, y', y) = W_y h_{2,i} + b_{y',y}$。其中：$h_{2,i}$ 是最终的上下文词状态表示；$W_y$ 是跟 $y$ 有关的预测权重；$b_{y',y}$ 是从 $y'$ 到 $y$ 的转移权重。$W_y$ 和 $b_{y',y}$ 都是模型可训练的参数。经过 CRF，损失函数可被定义为 $L = -\sum\limits_{x} \ln p(y \mid x)$。

对于只考虑两个连续标签的 CRF 模型，它的主要作用是为输入序列找到目标函数最大化的最优输出序列。因此，对于解码，搜索具有最高条件概率的标签序列 $y^* = \mathop{\arg\max}\limits_{y \in \mu(x)} p(y \mid x)$，这是一个动态规划问题，可以使用维特比算法解决。

## 4.10　实验与分析

### 4.10.1　数据集

在本节中，评估模型使用 3 个标准的数据集，第一个是 CoNLL 2003 NER[139] 数据集，这是一个英文的公信度高的命名实体识别数据集。因为命名实体识别属于一个序列标注问题，因此，本节还使用了 Penn TreeBank（PTB）[140] 词性标注数据集和 CoNLL

2000 Chunking[141]任务数据集,这两者也属于序列标注问题,可以一同评估本章的模型。表 4.1 展示了 3 个数据集的标签数量及训练集、验证集和测试集中的句子、词的数量。

表 4.1　数据集统计

| 数据集 | | PTB-POS | CoNLL 2000 Chunking | CoNLL 2003 NER |
|---|---|---|---|---|
| 训练集 | 句子 | 39 831 | 8936 | 14 987 |
| | 词 | 950 011 | 211 727 | 204 567 |
| 验证集 | 句子 | 1699 | Null | 3466 |
| | 词 | 40 068 | Null | 51 578 |
| 测试集 | 句子 | 2415 | 2012 | 3684 |
| | 词 | 56 671 | 47 377 | 46 666 |
| 标签数量 | | 45 | 23 | 9 |

PTB-POS:词性标记为每个词分配一个唯一的标签,该标签表示其词性。PTB-POS 数据集总共包含 45 个不同的词性标签,为了能够与之前的工作公平比较,使用该数据集标准的切分[142],使用 0～18 部分作为训练集,19～21 部分作为验证集,22～24 部分作为测试集。

CoNLL 2000 Chunking:文本分块是将文本分割成与语法相关的单词部分,块标记包含块类型的名称。例如,名词短语 I-NP,动词短语 I-VP。该数据来自华尔街日报语料库,选择 15～18 节作为训练集,第 20 节作为测试集。它总共定义了 11 种语法块类型。

CoNLL 2003 NER:数据集包含来自 Reuters RCV1 语料标注的新闻数据,其中包含 4 个命名实体标签:PER 表示人名,LOC 表示地名,MISC 表示其他类型的杂项实体,O 表示不是实体。它包含标准的训练集、测试集和验证集。只使用训练集进行训练,使用的标注学派是 BIOES[143]。

### 4.10.2　超参数

模型的超参数如表 4.2 所示,使用 GloVe 300 维词向量,在模型训练的过程中进行微调,使用的字符嵌入是 100 维,字符级 LSTM 的隐藏单元是 150 个,上下文词状态使用的 300 个隐藏单元训练。预训练的 ELMo 词向量维度是 1024 维。为了防止过拟合,模型在隐藏层应用 Dropout,值为 0.5。批次大小是 30,优化器采用 Adam,初始学习率为 0.001,衰减率为 0.97。在实验中,在总共 100 个 epoch 的训练过程中,如果 20 个 epoch 内的结果没有提升会提前终止训练。

表 4.2　超参数

| 参　　数 | 数　　值 |
| --- | --- |
| 批大小 | 30 |
| 优化器 | Adam |
| 学习率 | 0.001 |
| 学习率衰减 | 0.97 |
| 轮次 | 100 |
| 无改善轮次 | 20 |
| Dropout | 0.5 |
| 特征维度 | 150 |
| 词嵌入维度 | 300 |
| ELMo 维度 | 1024 |

### 4.10.3　评估指标

为了验证模型的性能,本节采用 $F$(F-measure)作为评价指标。评价指标公式如下所示。

$$precision = \frac{\# \, correct}{\# \, proposed} \tag{4-53}$$

$$recall = \frac{\# \, correct}{\# \, gold} \tag{4-54}$$

$$F = \frac{2 * precision * recall}{precision + recall} \tag{4-55}$$

其中:$\#$ correct 代表正确识别出的实体个数;$\#$ proposed 代表识别出实体个数;$\#$ gold 代表标准结果中的实体个数;$F$ 值是对准确率和召回率的综合评测。

### 4.10.4　实验分析

表 4.3 列出了模型在命名实体识别数据集上的对比结果,其中 ⊙ 表示 Attention。通过比较模型 1 和模型 3,可以发现 2 层的 BiLSTM 要比单层的 BiLSTM 的效果好,表明通过叠加一层 BiLSTM 可以增强模型的表示能力。通过比较模型 1 和模型 2,添加额外的预训练词向量可以明显增强模型性能。通过比较模型 2、4 和 5,可以发现把 ELMo 添加到第一层 BiLSTM 输出的位置可以显著提高性能。

表 4.3  模型在 CoNLL 2003 NER 数据集上的纵向对比（%）

| 序号 | 输入向量 | 上下文词状态 | 句子状态 | F1-score |
|---|---|---|---|---|
| 1 | word⊙char | BiLSTM | — | 90.46 |
| 2 | word⊙char＋ELMo | BiLSTM | — | 91.07 |
| 3 | word⊙char | 2BiLSTM | — | 90.56 |
| 4 | word⊙char＋ELMo | 2BiLSTM＋ELMo | — | 91.17 |
| 5 | word⊙char | — | S-LSTM | 91.54 |
| 6 | word⊙char | 2BiLSTM＋ELMo | — | 91.78 |
| 7 | word⊙char | 2BiLSTM＋ELMo | S-LSTM | 91.83 |
| 8 | word⊙char | 2BiLSTM＋ELMo | Combine | 92.08 |

模型 5 只使用了 S-LSTM 进行标签预测，实验结果达到 91.54%，表明使用 S-LSTM 编码句子是有益的。模型 7 是 Contextual Word State S-LSTM，通过比较模型 5、6 和 7，模型 7 的实验效果最好，由此可见使用上下文词状态作为 S-LSTM 的输入是有帮助的，可以达到 91.83% 的 F1-score 值。模型 8 是 CWS 模型，它是纵向对比中效果最好的，可以达到 92.08% 的 F1-score 值。

表 4.4 列出了在本节中提出的两个模型在 3 个数据上的纵向对比。在 CoNLL 2003 NER 数据集上，CWS 模型要有优于 Contextual Word State S-LSTM 模型，F1-score 值提高了 0.25%。在 PTB 数据集上，两个模型性能几乎一致，也许是 Baseline 本身已经达到了很好的效果，不易看出差别。在 CoNLL 2000 Chunking 数据上，CWS 模型要优于 Contextual word state S-LSTM 模型，F1-score 值提高了 0.1%。

表 4.4  模型在 3 个数据集上的纵向对比（%）

| 数据集 | 输入向量 | 上下文词状态 | 句子状态 | Accuracy | F1-score |
|---|---|---|---|---|---|
| NER | word⊙char | 2BiLSTM＋ELMo | S-LSTM | — | 91.83 |
| NER | word⊙char | 2BiLSTM＋ELMo | Combine | — | 92.08 |
| POS | word⊙char | 2BiLSTM＋ELMo | S-LSTM | 97.69 | — |
| POS | word⊙char | 2BiLSTM＋ELMo | Combine | 97.68 | — |
| Chunking | word⊙char | 2BiLSTM＋ELMo | S-LSTM | — | 96.39 |
| Chunking | word⊙char | 2BiLSTM＋ELMo | Combine | — | 96.49 |

总的来说，通过实验结果的纵向对比，CWS 模型要比 Contextual Word State

S-LSTM 模型能更好地在词之间执行局部和全局信息的交互,模型的性能更好。

表 4.5　模型在 CoNLL 2003 NER 数据集上的横向对比(%)

| 序号 | 模 型 | F1-score |
|---|---|---|
| 1 | CNN+CRF | 89.59 |
| 2 | BiLSTM+CRF | 90.10 |
| 3 | Character+ BiLSTM+CRF | 90.94 |
| 4 | End-to-end | 91.21 |
| 5 | Semi-supervised Multitask Learning | 86.26 |
| 6 | Sentence-State LSTM | 91.57 |
| 7 | Transfer learning | 91.26 |
| 8 | LM-BLSTM-JNT | 91.53 |
| 9 | BiLSTM+CNN | 91.62 |
| 10 | Pre-trained bi-LM | 91.93 |
| **11** | **Contextual Word State S-LSTM(Our)** | **91.83** |
| **12** | **CWS(Our)** | **92.08** |

　　表 4.5、表 4.6 和表 4.7 是模型在 3 个数据集上的横向对比。表 4.5 是模型在 CoNLL 2003 NER 数据集的横向对比。首先,必须指出模型 9 和 10 不能与其他模型进行直接比较,因为它们的最终模型是在训练集和验证集上一起训练的,而其他包括本书的模型都是只在训练集上训练,验证集上调参,测试集上测试性能。本书复现的 Baseline 模型 BiLSTM+CRF 要比模型 3 对应的论文中展示的效果稍微差一些,但是最终的 CWS 模型达到了最好的效果。模型 1 是最早应用神经网络在 NER 上的代表性工作之一,在其所属的论文中得到了 89.59% 的 F1-score 值。紧接着,模型 3 和模型 4 分别使用 BiLSTM 与 CNN 整合字符向量到模型中,F1-score 值分别为 90.94% 和 91.21%。模型 5 提出了新型的多任务学习模型,为输入的每次词预测前向和后向的词。模型 6 提出了 S-LSTM 编码句子,F1-score 值可以达到 91.57%,本章同样使用了 S-LSTM 编码句子,但是本节的输入与它们不同,本节使用了上下文词表示作为模型的输入。Contextual Word State S-LSTM 模型要比它们的 F1-score 值高 0.26%,CWS 模型要比它们的 F1-score 值高 0.51%。

表 4.6　模型在 PTB 数据集上的横向对比（%）

| 序号 | 模　型 | F1-score |
|---|---|---|
| 1 | 5wShapesDS＋distributional similarity | 97.28 |
| 2 | CNN＋CRF | 97.29 |
| 3 | Character representations＋NN | 97.32 |
| 4 | Structure regularization framework | 97.36 |
| 5 | Semi-supervised Multitask Learning | 97.43 |
| 6 | Semi-supervised condensed nearest neighbor(SCNN) | 97.50 |
| 7 | BiLSTM＋CRF | 97.55 |
| 8 | End-to-end | 97.55 |
| 9 | Sentence-State LSTM | 97.55 |
| 10 | Transfer learning | 97.55 |
| **11** | **Contextual Word State S-LSTM(Our)** | **97.69** |
| **12** | **CWS(Our)** | **97.68** |

表 4.7　模型在 CoNLL 2000 Chunking 数据集上的横向对比（%）

| 序号 | 模　型 | F1-score |
|---|---|---|
| 1 | CNN＋CRF | 94.32 |
| 2 | BiLSTM＋CRF | 94.46 |
| 3 | Transfer learning | 95.41 |
| 4 | Joint Many-Task Model | 95.77 |
| 5 | Deep multi-task learning | 95.56 |
| 6 | Semi-supervised Multitask Learning | 93.88 |
| 7 | Pre-trained bi-LM | 96.37 |
| **8** | **Contextual Word State S-LSTM(Our)** | **96.39** |
| **9** | **CWS(Our)** | **96.49** |

　　表 4.6 是模型在 PTB 数据集上的横向对比，包括之前顶尖的模型。本节提出的两个模型相比较于他人提出的模型性能更好。模型 2、5 和 7 在表 4.5 部分已经介绍过了，它们在 PTB 上的 F1 分别达到了 97.29%、97.43% 和 97.55% 的准确率。模型 9 通过使用

S-LSTM 在 PTB 上达到了 97.55％ 的准确率。本节的两个模型分别比它们高 0.13％ 和 0.14％。模型 3 提出了一个深层神经网络学习字符表示,整合到模型中可以达到 97.32％ 的准确率。模型 4 是通过结构分解的一种结构正则化框架,将训练样本分解为结构更简单的小样本,得到了泛化能力很好的模型,可以达到 97.36％ 的准确率。模型 6 是一个统计模型,达到了 97.50％ 的准确率。模型 8 和 10 虽然与本节使用一样的数据集,但是数据集切分不同,训练集、验证集和测试集与本节的方法不一致,所以尽管本节的模型的性能比它们高,但是不能与它们直接进行比较。

表 4.7 是模型在 CoNLL 2000 Chunking 数据集上的横向对比,相比较于其他模型,本节提出的两个模型获得了很好的性能。模型 1、2、3 和 6 是前面介绍过的模型,在 CONLL 2000 Chunking 数据集上 F1-score 值分别达到了 94.32％、94.46％、95.41％ 和 93.88％。模型 4 基于一个联合多任务学习去处理多个 NLP 任务,达到了 95.77％ 的 F1-score 值。模型 5 也是一个多任务学习模型,达到了 95.56％ 的 F1-score 值。模型 7 达到了之前最好的结果——96.37％ 的 F1-score 值。本书中提出的两个模型分别比模型 7 的 F1-score 值高出 0.02％ 和 0.12％。

## 4.11　本章小结

本章基于命名实体识别提出了两个模型:第一个模型为 Contextual Word State S-LSTM 模型,第二个模型为结合了上下文词状态与句子状态生成新的词表示——CWS 模型。此外,还在 PTB 词性标注和 Chunking 的序列标注数据集上进行模型评估。通过横向对比和纵向对比,这两个模型在 3 个标准数据集上均获得了较好的实验结果。通过 Contextual Word State S-LSTM 与 CWS 的实验结果对比,CWS 模型的性能更具有一定的优势。

# 第 5 章

# 基于句子语义与 Self-Attention 机制的中文和英文 NER 模型

## 5.1 概　　述

目前大多数命名实体识别模型通过上下文编码器(如 LSTM 和 CNN 等)获得的词的上下文状态表示,来预测最终的实体标签。尽管这些词可以学习到当前的上下文信息,但是这些词在句子中的语义信息仍然很贫乏。因此,在本章探索了一个携带句子语义信息的句子表示模型。通过将上下文词表示与句子表示进行拼接,使得每个词能获得丰富的语义信息,更好地进行实体标签预测。除此之外,还在模型中应用了 Self-Attention 机制,Self-Attention 可以直接捕捉句子中任意两个词的长距离依赖,更好的捕捉整个句子的全局依赖。本章所提出的模型不仅适用于英文数据集,同时也适用于中文数据集。

本章中模型的介绍总体分为 6 个部分: 模型的总体结构、词嵌入层、第一层 BiLSTM、Self-Attention 层、词隐状态与句子级向量结合部分、第二层 BiLSTM。下面将分别详细介绍。

## 5.2 模型的总体结构

本章所提出的模型主要结合句子特征表示进行中文和英文的命名实体识别,同时还利用了 Self-Attention 机制来更好地捕获任意两个词之间长距离依赖关系。图 5.1 描述了该模型的整体结构,词嵌入通过第一层 BiLSTM 获得词的隐状态向量表示和句子的向量表示;然后词隐状态会送入到 Self-Attention 层增强捕获词之间关系的能力;最后将词隐状态拼接上句子级向量后送入到第二层的 BiLSTM 得到最终的隐状态向量以进行标签预测。考虑相邻标签之间的交互信息是很有限的,例如,标签 I-PER 不可能跟在 B-LOC 的后面。因此,最后使用 CRF 层联合地解码标签序列,CRF 使得模型从所有可能的标签序列中找到最优路径。

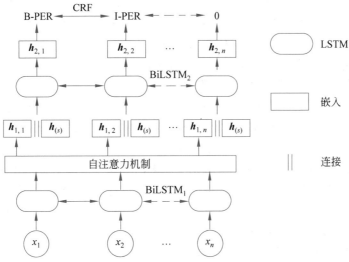

图 5.1　基于句子语义与 Self-Attention 机制的 NER 模型

# 5.3　词嵌入层

模型的第一步是将每一个输入的词或字符映射到分布式表示空间,它是低维稠密的向量表示空间,能够捕捉单词的语义和句法特性,由于本章节使用了中文和英文两个数据集,所以中文和英文的词嵌入层会因为语言特性而不同。

## 5.3.1　英文词嵌入层

在英文命名实体识别任务上,词嵌入通常会由词级向量与字符级向量组成。根据以往的工作[26],使用预训练的词向量要比使用随机初始化的词向量能够获得很大性能的提升。因此,本章使用斯坦福大学[11]预训练好的公共可用的 300 维词向量作为词级向量。此外,不同的英文单词有表面或形态的相似性。例如,具有规则前后缀的单词可以共享一些字符级的特征。因此,使用字符级特征去处理未登录词。首先,采用 BiLSTM 建立字符级向量表示模型,公式为

$$\overrightarrow{\boldsymbol{h}_l} = \text{LSTM}(\boldsymbol{c}_i, \overrightarrow{\boldsymbol{h}_{l-1}}) \tag{5-1}$$

$$\overleftarrow{\boldsymbol{h}_l} = \text{LSTM}(\boldsymbol{c}_i, \overleftarrow{\boldsymbol{h}_{l+1}}) \tag{5-2}$$

$$\boldsymbol{h}_c = [\overrightarrow{\boldsymbol{h}_1}; \overleftarrow{\boldsymbol{h}_f}] \tag{5-3}$$

其中:$\boldsymbol{c}_i$ 表示一个字符序列$(c_1, c_2, \cdots, c_f)$中的某一个;$f$ 代表字符序列的长度;$\overrightarrow{\boldsymbol{h}_l}$ 和 $\overleftarrow{\boldsymbol{h}_l}$ 分

别是前向 LSTM 与反向 LSTM 的隐状态向量；$h_c$ 是最终要获得的字符级向量。

除此之外，本章还将研究如何使用 CNN 去构建字符级向量表示模型。CNN 在计算机视觉中已经有了广泛的应用。假如要识别一张分辨率为 $64\times64$ 的小图像是猫还是狗，第一步是要把它输入到模型中，实际上它的输入数量是 $64\times64\times3$，因为每张图像都有 3 个颜色通道，最后输入到模型中的特征维度是 12 288。这还只是一张 $64\times64$ 的小图像，一般的图像都要比它大。例如，一张 $1000\times1000$ 的图像，它的特征维度达到了 300 万，如果使用全连接层进行建模，在模型的第一个隐藏层中假如有 1000 个隐藏单元，参数矩阵大小将会是 $1000\times300$ 万，会有 30 亿个参数进行训练更新，这还只是一个隐藏层，在实际情况中，往往会有多个隐藏层，这是一个无比庞大的数据量。在如此大量参数的情况下，难以捕获足够多的数据来防止神经网络过拟合问题。此外，庞大的参数里所需求的巨大内存也让人无法接受。CNN 避免了对参数的过度依赖，减少大量参数，相比于全连接神经网络，能更好地识别超大图像。

文本卷积与图像上的卷积有所不同，首先是滤波器的大小，图像上滤波器的大小一般是 $n\times n$，是一个正方形，而在文本上一般是 $i\times j$，其中 $j$ 是词向量的维度。在文本上滤波器是沿着句子中词的方向滑动，获得的是一个 N-gram 局部特征。图 5.2 描述了基于 CNN 生成字符级向量表示的过程。每个单词被分解为单个字符，模型的输入是一个字符序列。首先使用一个一维卷积层为每个字符捕捉与其相邻字符的信息，本质是获得字符 N-gram 特征。不同的滤波器大小可以获得不同种类的上下文信息 $c_i$。然后，在卷积的结果上应用一个 max-over-time 池化层获得当前滤波器特征 $g_i$。这种池化操作就是简单地从之前一维的特征中提取一个最大值，代表着最重要的信号或信息。此外，还可以解决可变长度的句子输入问题，因为不管有多少个特征值，只提取其中的最大值。最后，通过不同尺寸滤波器所获得的不同特征进行拼接作为最后词的字符级表示 $h_c$，公式如下。

$$m_i = \mathrm{conv}\left(\left[c_{i-\frac{k}{2}}, \cdots, c_i, \cdots, c_{i+\frac{k}{2}}\right]\right) \tag{5-4}$$

$$g_i = \mathrm{pooling}\left(\left[m_1, m_2, \cdots, m_f\right]\right) \tag{5-5}$$

$$h_c = \left[g_1; g_2; \cdots; g_o\right] \tag{5-6}$$

其中：$k$ 是滤波器的尺寸大小；$o$ 是滤波器种类的数量。

### 5.3.2　中文词嵌入层

与英文不同，中文由于缺乏天然的分隔符所以输入和分词有很大的关系。Peng 等[144] 为中文命名实体识别提出了 3 种嵌入方法：词嵌入、字嵌入和字位置嵌入。相关最新的研究成果[145] 分析了在中文 NLP 中是否需要分词，文中指出了分词的缺点。首先，词数据比较稀疏容易导致过拟合，而且大量的未登录词限制了模型的学习能力。其次，分词方法众多且不统一和分词效果不佳，错误的分词可能会对下游任务的使用产生错误的

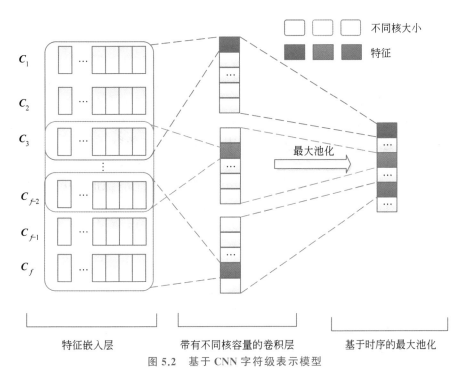

图 5.2　基于 CNN 字符级表示模型

影响,从而使得最终模型的性能不佳。最后,分词所带来的收益并不明确,尽管站在人的角度直观观察,词所带的语义信息要比字更加丰富,但是对于神经网络而言,词不一定有利于提高表现。上述相关论文中在 4 个 NLP 任务上分别对词级别和字级别的模型进行了实验得出以下结论。首先,在神经网络模型下进行中文 NLP 任务,字级别的表现几乎总是优于词级别的表现。其次,对于大多数中文 NLP 任务不需要额外的分词。最后,对于部分任务而言,单使用字级别表示就可以达到最佳的表现,加入词会适得其反,有负作用。因此,使用预训练中文 100 维字向量作为模型的输入。

## 5.4　Self-Attention 机制

相比较于 RNN,BiLSTM 可以处理一些较长的句子,然而当句子长度越长,距离越远的词之间的依赖信息就越少,因此,词之间距离上的依赖信息并没有被很好地捕捉。Self-Attention 不管它们之间的距离如何,可以直接捕捉句子中两个词之间的关系,同时也可以很好的捕捉句子中句法和语义特征,这对 BiLSTM 来说是一个很好的补充。

### 5.4.1　Attention 机制

Attention 机制是对于某个时刻的输出 $y$，它在输入 $x$ 上的各个部分上的注意力，这里的注意力也就是权重，是输入 $x$ 的各个部分对某时刻输出 $y$ 贡献的权重。Attention 的起源借鉴了人的注意力模式，通常人类在观察一张图像时会通过快速扫描全局图像获得需要重点关注的目标区域，这叫作注意力焦点。人会对注意力焦点投入更多的精力以获得关注目标的更多、更细致的信息，抑制其他无用的信息。这种注意力模式利用有限的资源从大量的信息中筛选出高价值有用的信息，极大地提升了信息处理的效率与准确性。深度学习的注意力机制本质上与人类的注意力机制相似，核心目标也是从大量信息中选取对当前任务最有价值的信息。目前大多数 Attention 模型附着在 Encoder-Decoder 框架下，这种框架可以看作是一种深度学习模式，应用场景很广泛。

图 5.3 是一种文本领域常用的 Encoder-Decoder 框架，可以把它看作输入一个句子生成另外一个句子，即句子对（Source，Target），在机器翻译任务上，Source 和 Target 可以是不同的语言。假设输入句子 Source 为 $(x_1, x_2, \cdots, x_m)$，Target 为 $(y_1, y_2, \cdots, y_m)$。Encoder 就是对输入句子 Source 编码，进行非线性转换为中间语义向量表示 $\boldsymbol{C}$ 的公式为

$$\boldsymbol{C} = f(x_1, x_2, \cdots, x_m) \tag{5-7}$$

其中：$f$ 是非线性转换函数。

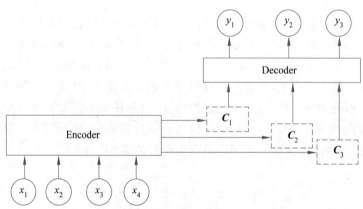

图 5.3　文本领域的 Encoder-Decoder 框架

Decoder 根据 Source 的中间语义向量表示 $\boldsymbol{C}$ 和已经生成的 $y_1, y_2, \cdots, y_{i-1}$ 来生成 $y_i$，其公式为

$$y_i = \partial(\boldsymbol{C}, y_1, y_2, \cdots, y_{i-1}) \tag{5-8}$$

其中：$\partial$ 与 $f$ 类似，是非线性转换函数。

如果没有引入 Attention 机制时，无论生成目标句子 Target 中的哪个词，它们使用的

输入句子 Source 的语义编码 $C$ 都是一样的。但是，Source 中的任意单词 $x_i$ 对生成目标单词 $y_i$ 来说影响力是不同的。这类似于人类观察图像时，人眼中没有注意力焦点一样。以机器翻译为例，输入句子 Source 为"Tom chases Jerry"，目标句子 Target 为"汤姆追逐杰瑞"。在没有引入 Attention 时，翻译"杰瑞"这个单词时 Source 中每个英文单词对"杰瑞"的影响是相同的，这显然是不合理的，Jerry 一词对于翻译"杰瑞"应该更重要。在引入了 Attention 机制之后，会体现出英文单词对于翻译当前中文单词不同的影响程度。当翻译"杰瑞"时，注意力机制会给不同的英文单词分配不同的注意力权重，对正确翻译当前词有很大的积极作用。这意味着生成每个目标词 $y_i$ 时，由之前固定的中间语义表示 $C$ 换成了根据当前输入词不断变化的语义表示 $C_i$。生成目标单词过程如下。

$$y_1 = \partial(C_1) \tag{5-9}$$
$$y_2 = \partial(C_2, y_1) \tag{5-10}$$
$$y_3 = \partial(C_3, y_1, y_2) \tag{5-11}$$

每个 $C_i$ 对应着不用 Source 中单词的注意力权重，公式为

$$C_i = \sum_{j=1}^{L_x} a_{ij} h_j \tag{5-12}$$

其中：$L_x$ 代表输入句子 Source 的长度；$a_{ij}$ 代表 Target 输出第 $i$ 个单词时 Source 中第 $j$ 个单词的注意力权重；$h_j$ 是 Source 中第 $j$ 个单词的语义编码。

把 Attention 机制进一步抽象，其本质思想如图 5.4 所示，可以看出将 Source 中的元素变成（Key，Value）数据对，一般情况下 Key 等于 Value 存储在 Source 中的元素。Target 中的元素为 Query，给定一个 Query，通过计算 Query 与各个 Key 之间的相似性得到 Key 对应 Value 的权重系数，最后对 Value 进行加权求和，得到最终的 Attention 数值，其公式为

$$\text{Attention}(Q, K, V) = \text{Softmax}\left(\frac{QK^{\text{T}}}{\sqrt{d_k}}\right) V \tag{5-13}$$

其中：$Q$、$K$ 和 $V$ 分别是 Query、Key 和 Value 的缩写；$\sqrt{d_k}$ 是一个调节因子，保证内积不会太大。Attention 机制的计算过程可以分为三步。首先，根据 Query 与各个 Key 的内积计算它们之间的相似性。其次，引入 Softmax 函数对内积结果进行归一化，将原始数值变成所有数值之和为 1 的概率分布，此外，根据 Softmax 特有的机制能更加突显出重要元素的权重。最后，根据得到的权重系数对 Value 进行加权求和。

现在大多数 Attention 机制的计算方法都是根据以上 3 个步骤求出 Query 的 Attention 数值。

### 5.4.2　Multi-Head Attention

如图 5.5 所示，Multi-Head Attention[21] 是谷歌公司提出的概念，是 Attention 的提

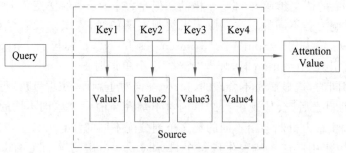

图 5.4 Attention 机制的本质思想

升版。其原理很简单，就是把 $\boldsymbol{Q}$、$\boldsymbol{K}$ 和 $\boldsymbol{V}$ 通过参数矩阵进行线性映射，然后再做 Attention，这个过程重复 $h$ 次，最后把 $h$ 个 Attention 结果拼接在一起再一次通过参数矩阵进行映射得到一个新的向量表示，公式如下。

$$\text{head}_i = \text{Attention}(\boldsymbol{Q}\boldsymbol{W}_i^Q, \boldsymbol{K}\boldsymbol{W}_i^K, \boldsymbol{V}\boldsymbol{W}_i^V) \tag{5-14}$$

$$\text{MultiHead}(\boldsymbol{Q}, \boldsymbol{K}, \boldsymbol{V}) = \text{Concat}(\text{head}_1, \text{head}_2, \cdots, \text{head}_h)\boldsymbol{W}^O \tag{5-15}$$

其中：$h$ 是 Attention 重复地次数，也是 head 的数量；$\boldsymbol{W}_i^Q$、$\boldsymbol{W}_i^K$、$\boldsymbol{W}_i^V$ 和 $\boldsymbol{W}^O$ 是可训练的参数。Multi-Head 就是多做了几次同样的事情，参数不共享，之后把结果进行拼接。

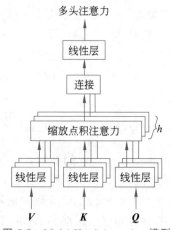

图 5.5 Multi-Head Attention 模型

### 5.4.3 Self-Attention

Self-Attention 即自注意力或称作内部注意力，它是一种特殊的 Attention 机制，输入序列即输出序列，在序列内部做 Attention，计算序列对其本身的 Attention 权重，寻找序列内部的联系。Query = Key = Value，即 Attention$(\boldsymbol{X}, \boldsymbol{X}, \boldsymbol{X})$，最后的输出就是 $\boldsymbol{Y} =$

$\text{MultiHead}(\boldsymbol{X},\boldsymbol{X},\boldsymbol{X})$。

# 5.5 句子表示模型

尽管双向 LSTM 可以学到当前词的上下文信息,但是当前词的全局语义信息仍然很贫乏。本节重点探索了两个具有全局语义信息的句子表示模型,分别是基于双向 LSTM 的句子表示模型和基于多通道卷积神经网络的句子表示模型。将句子表示与经过 BiLSTM 获得的上下文词状态进行连接可以很好地利用全局上下文信息。

## 5.5.1 基于双向 LSTM 的句子表示模型

图 5.6 描述了基于双向 LSTM 神经网络生成句子表示的过程,输入是句子中的词序列,每个词被前向的 LSTM 与反向的 LSTM 分别捕捉过去和未来的信息,最后,每个方向的 LSTM 隐状态连接在一起生成句子表示,公式如下。

$$\overrightarrow{\boldsymbol{h}}_l = \text{LSTM}(x_i, \overrightarrow{\boldsymbol{h}}_{l-1}) \tag{5-16}$$

$$\overleftarrow{\boldsymbol{h}}_l = \text{LSTM}(x_i, \overleftarrow{\boldsymbol{h}}_{l+1}) \tag{5-17}$$

$$\boldsymbol{h}_S = [\overrightarrow{\boldsymbol{h}}_1; \overleftarrow{\boldsymbol{h}}_f] \tag{5-18}$$

其中:$x_i$ 表示输入句子$(x_1, x_2, \cdots, x_n)$中的一个词;$n$ 代表词序列的长度;$\overrightarrow{\boldsymbol{h}}_l$ 和 $\overleftarrow{\boldsymbol{h}}_l$ 分别是前向 LSTM 与反向 LSTM 的隐状态向量;$h_S$ 是最终要获得的句子级向量。

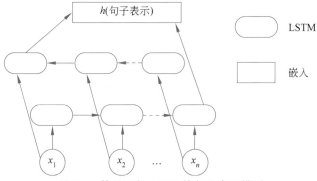

图 5.6 基于双向 LSTM 的句子表示模型

## 5.5.2 基于多通道 CNN 的句子表示模型

如何使用 CNN 构建句子表示模型?CNN 编码句子通常需要使用一个通道结构,类似于 5.3.1 节中的字符卷积模型,使用一个 1-D 卷积层生成一个句子表示,本节中还重点研究了一个多通道 CNN 用于建立句子的特征表示模型。如图 5.7 所示,嵌入层有两个通道,每个通道都是一组向量,第一个通道是字符级向量,第二个通道是词级向量。每个滤波器应用到两个通道上捕捉相邻词信息,然后应用了 max-pooling 层选取一个最强信息作为当前的句子表示。公式类似于 5.3.1 节中字符卷积公式,但模型输入有所不同。

$$\boldsymbol{m}_i = \mathrm{conv}([x_{i-\frac{k}{2}}, \cdots, x_i, \cdots, x_{i+\frac{k}{2}}]) \tag{5-19}$$

$$\boldsymbol{g}_i = \mathrm{pooling}([\boldsymbol{m}_1, \boldsymbol{m}_2, \cdots, \boldsymbol{m}_f]) \tag{5-20}$$

$$\boldsymbol{h}_S = [\boldsymbol{g}_1; \boldsymbol{g}_2; \cdots; \boldsymbol{g}_o] \tag{5-21}$$

其中:$k$ 是滤波器的尺寸大小;$o$ 是滤波器种类的数量;$\boldsymbol{g}_i$ 是不同种类滤波器获得的特征;$x_i$ 表示输入句子$(x_1, x_2, \cdots, x_n)$中的一个词;$\boldsymbol{h}_S$ 表示输入句子的句子级表示。

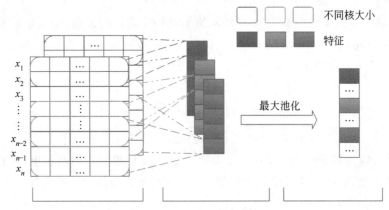

图 5.7　基于多通道 CNN 的句子表示模型

## 5.6　实验与分析

### 5.6.1　数据集

为了评估本章所提出的 NER 模型,在两个不同语言的数据集上进行了验证实验,分别是 CoNLL 2003 NER 英文数据集和 Original Weibo NER 中文数据集。中文数据集来自新浪微博数据,总共有 4 种实体类型:人名(person)、地名(location)、组织名(organization)和地缘政治实体(geo-political entity)。训练集有 1350 条句子,测试集有 270 条句子,验证集有 270 条句子。英文数据集来自 Reuters 语料库的新闻数据组成,有与中文数据集相同的 4 种实体类型。训练集有 14 987 条句子,测试集有 3466 条句子,验证集有 3684 条句子。表 5.1 列出了数据集的详细统计。

表 5.1　数据集统计

| 数据集 | 类型 | 训练集 | 验证集 | 测试集 |
|---|---|---|---|---|
| | 句子 | 14 987 | 3466 | 3684 |
| CoNLL 2003 NER | 词 | 203 621 | 51 362 | 46 435 |
| | 实体 | 23 499 | 5942 | 5648 |
| | 句子 | 1400 | 270 | 270 |
| Original WeiboNER | 字 | 73 800 | 14 500 | 14 800 |
| | 实体 | 1890 | 390 | 420 |

### 5.6.2　超参数

在英文任务上,词嵌入维度是 300,字符嵌入维度是 100,在模型训练过程进行微调。字符级 BiLSTM 的隐藏单元为 150,词级 BiLSTM 的隐藏单元为 300。采用 Adam 优化器,初始学习率为 0.001,衰减率为 0.9。为了防止过拟合,在 BiLSTM 隐藏单元处应用 dropout,值为 0.5,批次大小为 20,梯度裁剪为 3。在总共 100 个 epoch 的训练过程中,如果 20 个 epoch 内的结果没有提升会提前终止训练。

在中文任务上,通过 look-up 表从预训练的字嵌入矩阵中获得每个字嵌入,其维度为 100。BiLSTM 的隐藏单元为 120,采用 Adam 优化器,初始学习率为 0.001,dropout 值为 0.7。批次大小为 20,梯度裁剪为 5,模型总共训练 140 个 epoch,采取 F 作为评价指标对实验结果进行评测。

### 5.6.3　模型探索

如 5.2.1 节所示,在英文 NER 任务上探索了两个字符级表示模型,分别是 Char-BiLSTM 和 Char-CNN。本章实现了一个 Baseline 模型:BiLSTM ＋ CRF。将 Char-BiLSTM 和 Char-CNN 分别和 BiLSTM ＋ CRF 结合,称之为 BiLSTM ＋ CRF ＋ char-BiLSTM 和 BiLSTM ＋ CRF ＋ char-CNN。如表 5.2 所示,不同的字符级表示模型在 CoNLL 2003 NER 数据集上模型性能比较。BiLSTM ＋ CRF ＋ char-CNN 是使用 1 个滤波器大小为 3 的卷积层,BiLSTM ＋ CRF ＋ char-CNN(multi-size)是使用 3 个不同滤波器大小的卷积层,kernel size 分别为 3、4、5。通过实验结果观察,3 个模型的实验结果大致相同。尽管使用多个不同大小的滤波器 CNN 可以捕获到不同种类的上下文信息,但是这对构建字符级向量表示并没有太大的提升。此外,考虑到模型的复杂性与相对较小的性能差距,使用 char-BiLSTM 是一种安全的选择。因此,在英文 NER 任务上使用

BiLSTM 建立字符级向量表示模型。

表 5.2　在 CoNLL 2003 NER 数据集上模型性能比较

| 模 型 | F1-score |
| --- | --- |
| BiLSTM＋CRF＋char-BiLSTM | 90.94 |
| BiLSTM＋CRF＋char-CNN | 91.10 |
| BiLSTM＋CRF＋BiLSTM＋char-CNN(multi-size) | 91.11 |

如 5.4 节所示,探索了两种句子表示模型在中文和英文任务上。将句子表示模型与 BiLSTM＋CRF 结合,称之为 BiLSTM＋CRF＋Sen-CNN 和 BiLSTM＋CRF＋Sen-BiLSTM。BiLSTM＋CRF＋Sen-CNN 表示由单通道的 CNN 句子表示模型与 BiLSTM＋CRF 结合;BiLSTM＋CRF＋Sen-BiLSTM 表示由 BiLSTM 句子表示模型与 BiLSTM＋CRF 结合;BiLSTM＋CRF＋Sen-CNN(multi-channel)表示多通道 CNN 句子表示模型与 BiLSTM＋CRF 结合。如表 5.3 中的实验结果所示,在英文 NER 任务上多通道 CNN 的性能略微低于单通道 CNN。因为,中文输入只有一种向量表示,所以本章没有使用多通道 CNN 建立句子表示模型。Sen-BiLSTM 与 Sen-CNN 在英文任务上性能几乎一致,然而在中文任务上,Sen-BiLSTM 的 F1-score 值比 Sen-CNN 的提高了 0.75%。因此,最终决定使用 BiLSTM 建立句子表示模型。

表 5.3　不同的句子表示模型的性能比较(%)

| 数　据 | 模　型 | F1-score |
| --- | --- | --- |
| | BiLSTM＋CRF＋char-BiLSTM＋Sen-CNN | 91.16 |
| CoNLL 2003 NER | BiLSTM＋CRF＋char-BiLSTM＋Sen-CNN(multi-channel) | 90.98 |
| | **BiLSTM＋CRF＋char-BiLSTM＋Sen-BiLSTM** | **91.18** |
| | BiLSTM＋CRF＋Sen-CNN | 51.78 |
| Original WeiboNER | BiLSTM＋CRF＋Sen-CNN(multi-channel) | — |
| | **BiLSTM＋CRF＋Sen-BiLSTM** | **52.53** |

### 5.6.4　模型的横向对比

表 5.4 展示了模型在 CoNLL 2003 NER 数据集上的横向对比结果,其中:S-A 代表 Self-Attention,Sen 代表 Sentence。表 5.4 总共分为两部分:第一部分是不利用外部知识的模型,第二部分是利用了外部知识的模型。从表 5.4 中的第一部分中可以观察到本章

提出的模型 BiLSTM＋CRF＋char-BiLSTM＋Sen＋S-A 优于其他所有模型，达到了最好的效果。BiLSTM＋CRF＋char-BiLSTM 是 Lample 等[26]提出的一个模型，达到了90.94％的 F1-score 值。Conv＋CRF＋Lexicon[29]和 BiLSTM＋CRF＋Lexion[27]早期应用深度学习解决 NER 任务的代表性工作。LM-BiLSTM-JNT[41]提出了混合半马尔可夫条件随机场(SCRF)并应用在 NER 任务上，达到了早期最好的 91.53％的 F1-score 值。本章提出的模型 BiLSTM＋CRF＋char-BiLSTM＋Sen＋S-A 与 LM-BiLSTM-JNT 与之相比，将 F1-score 值从 91.53％提升到了 91.72％，这证明了本章模型的有效性。

表 5.4　在 CoNLL 2003 NER 数据集上的横向对比(％)

| 模　　型 | F1-score |
| --- | --- |
| Conv＋CRF＋Lexicon | 89.59 |
| BiLSTM＋CRF＋Lexion | 90.10 |
| BiLSTM＋CRF＋char-BiLSTM | 90.94 |
| BiLSTM＋CRF＋char-CNN | 91.21 |
| Multitask Learning | 86.26 |
| LM-BLSTM-JNT | 91.53 |
| BiLSTM＋CRF＋char-BiLSTM(Baseline-Our) | 90.94 |
| BiLSTM＋CRF＋char-BiLSTM＋Sen(Our) | 91.18 |
| BiLSTM＋CRF＋char-BiLSTM＋S-A(Our) | 91.43 |
| **BiLSTM＋CRF＋char-BiLSTM＋Sen＋S-A(Our)** | **91.72** |
| Transfer Learning* | 91.26 |
| LSTM-CRF＋Lexicon＋char-CNN* | 91.62 |
| Pre-trained BiLSTM* | 91.93 |
| Embeddings from Language Models(ELMo)* | 92.22 |
| **Bidirectional Encoder Representations from Transformers(BERT)*** | 92.80 |

注："＊"表示使用了额外的知识。

此外，在表 5.4 的第二部分还列出了使用外部知识的模型。Pre-trained BiLSTM 通过将从双向语言模型中预训练的上下文词向量加入到 NER 任务中达到了 91.93％的F1-score 值。ELMo 词表示是深层的，包含了不同种类的句法和语义信息。它是在大型的无标注语料库上训练的，应用到 NER 任务中将 F1-score 值提升到了 92.22％。BERT 也是一个在大型语料库上预训练模型，然而，与 ELMo 有一些不同，BERT 训练完成后仅对输出层进行微调就可以应用在 NER 任务上并且达到了最优的结果 92.8%。本章没有使用外部知识，所以在模型性能上低于它们。

表 5.5 展示了模型在 Original WeiboNER 数据集上的横向对比结果，其中：S-A 代表 Self-Attention，Sen 代表 Sentence，Adv 代表 Adversarial。Joint(cp) 提出了一个联合训练 embeddings 和 NER 任务的模型，达到了 44.09% 的 F1-score 值。Jointly Train 的含义是联合地训练分词与 NER 的模型，将 F1-score 值从 44.09% 提高到了 48.41%。Cao 等[146] 提出了新颖的对抗迁移学习模型并应用在 NER 任务上，将 F1-score 值从 48.41% 提高到了 53.08%，达到了早期最好的结果。本章提出的模型 BiLSTM＋CRF＋S-A＋Sen 将 F1-score 值从 53.08% 提高了 54.11%，这证明了本章模型的有效性。

表 5.5　在 Original WeiboNER 数据集上的横向对比（%）

| 模　　型 | F1-score |
| --- | --- |
| Joint(cp) | 44.09 |
| Jointly Train | 48.41 |
| BiLSTM＋CRF | 51.01 |
| BiLSTM＋CRF＋S-A | 52.25 |
| BiLSTM＋CRF＋Adv | 52.45 |
| BiLSTM＋CRF＋Adv＋S-A | 53.08 |
| BiLSTM＋CRF(Baseline-Our) | 51.01 |
| BiLSTM＋CRF＋Sen(Our) | 52.53 |
| BiLSTM＋CRF＋S-A＋Sen(Our) | 54.11 |
| BiLSTM＋CRF＋Adv＋Sen(Our) | 53.82 |
| **BiLSTM＋CRF＋Adv＋S-A＋Sen(Our)** | **55.99** |

此外，添加了 Adv 在中文 NER 任务上进一步验证本章模型的性能。BiLSTM＋CRF＋Adv＋Sen＋S-A 比 BiLSTM＋CRF＋Adv 提升了 3.54%，F1-score 值达到了 55.99%，这是目前最好的结果。因为一些语言特性，Adv 没有引入到英文 NER 任务中，但是这不影响实验的有效性。不管是否添加 Adv 到中文 NER 中，都优于早前最好的模型 BiLSTM＋CRF＋Adv＋S-A。

### 5.6.5　模型的纵向对比

表 5.6 展示了不同的 Self-Attention heads 对模型性能的影响。通过实验结果可以看

出将 Self-Attention 的 heads 设置为 12 可以达到最好的效果。

表 5.6　不同的 Self-Attention heads 对模型性能的影响(%)

| Self-Attention heads | 中文 NER F1-score<br>(BiLSTM＋CRF＋S-A＋Sen) | 英文 NER F1-score<br>(BiLSTM＋CRF＋char-BiLSTM＋Sen＋S-A) |
|:---:|:---:|:---:|
| 8 | 53.18 | 91.43 |
| 10 | 54.02 | 91.51 |
| 15 | 53.56 | 91.54 |
| **12** | **54.11** | **91.72** |

为了更好地证明添加句子表示和 Self-Attention 的有效性,本章列出了它们在两个数据集上的消融实验。在表 5.4 中,复现了 Baseline 模型 BiLSTM＋CRF＋char-BiLSTM,这一模型类似于 Lample 等[26] 的相关工作,达到了与他们论文中相同的结果,F1-score 值为 90.94%。将句子表示加入到 BiLSTM＋CRF＋char-BiLSTM,BiLSTM＋CRF＋char-BiLSTM＋Sen 此时 F1-score 值从 90.94% 提高到了 91.18%,这证明了在英文任务上加入句子表示的有效性。将 Self-Attention 加入到 BiLSTM＋CRF＋char-BiLSTM,BiLSTM＋CRF＋char-BiLSTM＋S-A 此时 F1-score 值从 90.94% 提高到了 91.43%,这证明了在英文任务上加入 Self-Attention 的有效性。

在表 5.5 中,复现了 Cao 等[146] 的 Baseline 模型 BiLSTM＋CRF,达到了与他们论文中相同的 F1-score 值 51.01%。将句子表示加入到 BiLSTM＋CRF,将 BiLSTM＋CRF＋Sen 的 F1-score 值从 51.01% 提高到了 52.53%,BiLSTM＋CRF＋Adv＋Sen 相较于 BiLSTM＋CRF＋Adv 将 F1-score 值从 52.45% 提高到了 53.82%,这证明了在中文任务上加入句子表示的有效性。将 Self-Attention 加入 BiLSTM＋CRF,BiLSTM＋CRF ＋S-A 的 F1-score 值从 51.01% 提高到了 52.25%,这证明了在中文任务上加入 Self-Attention 的有效性。

## 5.7　本章小结

在本章中,提出了一种结合句子表示与 Self-Attention 的 NER 模型,该模型可以使得每个词更好地利用句子语义信息和词之间的远距离依赖,不仅适用于中文命名实体识别任务,还适用于英文命名实体识别任务。在中文和英文的命名实体识别任务上的实验结果表明,本章的 NER 模型在不使用外部知识的情况下优于其他模型。

# 第6章 融合了拼音嵌入与五笔嵌入的中文 NER 模型

## 6.1 概　述

目前，大多数中文命名实体识别模型都是以字为单位作为模型的嵌入，虽然通过借助强大的神经网络取得了进步，但也忽略了一个重要的因素：汉字通常有语义信息和语音信息。拼音与汉字保持着多对一的关系，一个汉字字符在不同语境中可能会有不同的发音，在语言学上称为多音字，拼音包含对应汉字的语音特征。除了拼音，五笔是另一个有效的中文字符语义表示方法，五笔包含较为全面的图像和结构信息，因为中文中有丰富的象形字符，这些结构信息与语义和词边界高度相关，并且在嵌入结构时有效。本章提出了一种融合了拼音特征与五笔特征的多种字嵌入方法。这两种特征都有效地丰富了汉字字符的特征表示。

## 6.2 字符嵌入

中文 NER 由于缺乏天然的分隔符所以输入和分词有很大的关系，目前主要有基于分词之后的词嵌入和基于单个字符的字嵌入。根据最新的研究成果[145]，在绝大多数中文自然语言处理任务中，单纯字嵌入就可以达到比较好的效果，引入词嵌入反而会降低模型性能。因此，可以利用字 look-up 查询表从预训练的字嵌入矩阵中获得字向量。

## 6.3 拼音嵌入

拼音代表着汉字的发音，类似于英语中的音标。拼音与汉字语义高度相关，一个字符可能对应不同的拼音代码，表示不同的语义含义，这种汉字称为多音字，在汉字中很普遍。

图 6.1 展示了多音字的几个实例。例如：“乐”有两种不同的发音，当发音为 yuè 时，它意味着是“音乐”的意思，是名词；当发音为 lè 时，它与“高兴”相关。相似实例的还有“便”和“和”字，都有两种或以上的发音。通过拼音代码，在字与语义之间架起了一座桥

梁,可以根据不同的发音理解汉字的不同含义,那么神经网络也可以自动地学习语义和拼音代码之间的映射。拼音是汉字主要的计算机输入法,并且用拼音代码作为额外的补充输入很容易表示字符。因此,以拼音作为命名实体识别额外的嵌入,提供了所需的额外语音和语义信息。

乐

1 [lè] 高兴的（形容词）

2 [yuè] 音乐（名词）

便

1 [biàn] 方便（形容词）

2 [pián] 便宜（形容词）

和

1 [hé] 和平（形容词）

2 [huò] 搅拌（动词）

3 [hú] 麻将或斗纸牌取得胜利（感叹词）

(a)　　　　　　　　　　(b)　　　　　　　　　　(c)

图 6.1　中文多音字实例

使用拼音库将汉字转化为拼音,可以根据词组智能匹配最正确的拼音,支持多音词。然后,统计词频,将个数大于 3 的字拼音基于 Word2vec 算法转化为向量表示。Word2vec 算法是一种简单而且高效的方法来学习词嵌入,使用简单的上下文来建立从上下文到目标词的映射。给定一个句子“I want a glass of orange juice to go along with my cereal.”在 Skip-Gram 模型中,抽取上下文和目标词匹配,构造一个监督学习问题。上下文不一定总是目标单词之前离得最近的 4 个单词或最近的 $n$ 个单词,而是随机选一个词作为上下文词,例如,选 orange 这个词,然后是随机在一定词距内选另一个词,在上下文词前后 5 个词内或者前后 10 个词内,就在这个范围内选择目标词。可能正好选到了 juice 作为目标词,正好是下一个词(表示 orange 的下一个词),也有可能选到了前面第二个词,所以另一种配对目标词可以是 glass,还可能正好选到了单词 my 作为目标词。拿嵌入矩阵 **E** 乘以向量 **Orange**,得到嵌入向量 **e**orange,将它输入到 Softmax 层中得出不用目标词的概率。最终优化损失函数就可以得到一个较好的词嵌入,这个就是 Skip-Gram 模型(图 6.2(a))。Word2vec 还有另外一个版本,叫作 CBOW(图 6.2(b)),即连续词袋模型(continuous bag-of-words model),它与 Skip-Gram 模型正好相反,它获得中间词两边的上下文,然后用周围的词去预测中间的词。CBOW 对小型数据库比较合适,而 Skip-Gram 在大型语料中表现更好。最后,基于 Word2vec 中的 CBOW 版本,将字拼音转化为 100 维的向量。

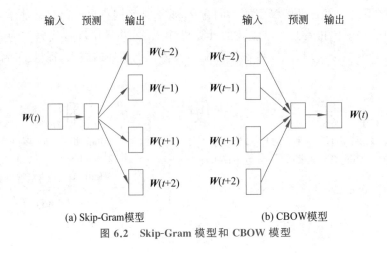

输入　预测　输出　　　　　　　　　输入　预测　输出

(a) Skip-Gram模型　　　　　　　　　(b) CBOW模型

图 6.2　Skip-Gram 模型和 CBOW 模型

# 6.4　五笔嵌入

五笔嵌入是基于字符的结构而不是发音,因为大量的汉字是象形文字,五笔输入可以找到潜在的语义关系以及单词边界。它主要从两个方面提高命名实体识别任务的性能:①五笔对汉字的高级语义进行编码;②具有相似结构的字符(如偏旁部首)更有可能构成一个单词,影响单词的边界。

要想了解五笔输入法在结构描述中的有效性,就必须了解五笔输入法的规则。它是一个高效的编码系统,每个汉字最多有 4 个英文字母,更具体地说,这些字母被分为 5 个区域,每个区域代表一种汉字笔画结构。

图 6.3 展示了一些汉字与它们对应的五笔编码(4 个字母)样例。在图 6.3(a)中,"提"和"打"等都是与手相关的动词,这些汉字所对应的五笔编码都有相同的根 R。也就是说,具有高度语义相关的汉字通常具有类似的结构,可以被五笔完美捕捉。除此之外,具有相似结构的字符更有可能组成一个字,例如,在图 6.3(b)中,"花""草""芽"都是与植物相关的名词,它们都是从上到下的符号,具有相同的根 A,这些字会构成新的词"花草"和"花芽"。另外,五笔序列还解释了汉字之间的关系。五笔字符的顺序代表着字的顺序,一些五笔字符有着实际意义,如 I 代表"水"。因此,五笔是一种高效的汉字编码,可以在多嵌入模型中作为一种额外的补充。使用官方五笔转化表将汉字转化为五笔,该表基于汉字的图形结构,遵循 5 个主要笔画:横、竖、钩、左撇和右撇。类似于拼音,我们可以统计每个汉字出现的频率,并将出现次数大于 3 的汉字使用五笔编码转换为 100 维向量表示,这种转换基于 Word2vec 算法实现。

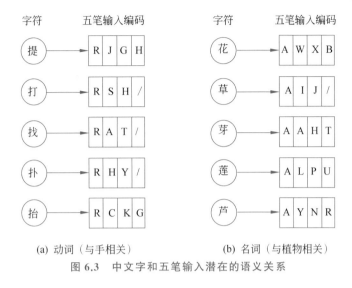

图 6.3　中文字和五笔输入潜在的语义关系

# 6.5　融合多种嵌入的模型结构

将多种嵌入进行特征融合,作为模型的输入,输入到 BiLSTM-CRF 中进行命名实体建模。如图 6.4 所示,设计了一种简单高效的特征融合方法,将 3 种类型的原始特征首先进行拼接,然后接入一个全连接层直接合并多个原始特征,以学习融合了语言特征与原始输入特征之间的映射。公式如下。

$$\boldsymbol{X}_{in}^{t} = \left[ \boldsymbol{X}_{c}^{(t)} ; \boldsymbol{X}_{p}^{(t)} ; \boldsymbol{X}_{w}^{(t)} \right] \tag{6-1}$$

$$\boldsymbol{X}^{(t)} = \sigma(\boldsymbol{W}_{fc} \boldsymbol{X}_{in}^{t} + \boldsymbol{b}_{fc}) \tag{6-2}$$

其中:$\sigma$ 是 Sigmoid 激活函数;$\boldsymbol{W}_{fc}$ 和 $\boldsymbol{b}_{fc}$ 是全连接层可训练参数;$\boldsymbol{X}_{c}^{(t)}$、$\boldsymbol{X}_{p}^{(t)}$ 和 $\boldsymbol{X}_{w}^{(t)}$ 分别是字、拼音和五笔嵌入;$\boldsymbol{X}^{(t)}$ 是全连接层的输出。这种特征融合方式计算成本较低,同时效果也比较好。

之后,将全连接层的输出 $\boldsymbol{X}^{(t)}$ 送入到 BiLSTM 中,公式如下。

$$\overrightarrow{\boldsymbol{h}_{t}} = LSTM(\boldsymbol{X}^{(t)}, \overrightarrow{\boldsymbol{h}_{t-1}}) \tag{6-3}$$

$$\overleftarrow{\boldsymbol{h}_{t}} = LSTM(\boldsymbol{X}^{(t)}, \overleftarrow{\boldsymbol{h}_{t+1}}) \tag{6-4}$$

$$\boldsymbol{h}_{t} = \left[ \overrightarrow{\boldsymbol{h}_{t}} ; \overleftarrow{\boldsymbol{h}_{t}} \right] \tag{6-5}$$

其中:$\overrightarrow{\boldsymbol{h}_{t}}$ 和 $\overleftarrow{\boldsymbol{h}_{t}}$ 分别是前向 LSTM 与反向 LSTM 在 $t$ 时刻的隐状态向量;$\boldsymbol{h}_{t}$ 是 BiLSTM 在 $t$ 时刻的隐状态向量。最后考虑相邻标签之间的交互信息是很有价值的,采用 CRF 层联合地解码标签序列,使得模型从所有可能的标签序列中找到最优路径。

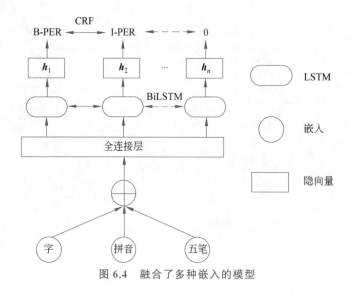

图 6.4  融合了多种嵌入的模型

# 6.6  实验与分析

## 6.6.1  数据集

为了评估模型,在两个数据集上进行实验,分别是 WeiboNER 中文数据集和 Resume 中文数据集。WeiboNER 中文数据集来自新浪微博数据,目前有两个版本,最早提出的一版是 Original WeiboNER(本书第 5 章中使用的数据集),在此之后,这版数据集进行了更新,更新为 Updated WeiboNER 数据集,在本章中,使用更新之后的数据集。总共有 4 种实体类型:人名(person)、地名(location)、组织名(organization)和地缘政治实体(geo-political entity)。训练集有 1350 条句子,测试集有 270 条句子,验证集有 270 条句子。Resume 数据集是 Zhang 等在 2018 年提出的,是从新浪财经上爬取的简历数据,其中包括我国上市公司高管的简历。随机选择 1027 份简历,进行人工标注 8 种实体类型。训练集有 3800 条句子,测试集有 480 条句子,验证集有 460 条句子。表 6.1 列出了数据集的详细统计。

表 6.1  数据集统计

| 数 据 集 | 类型 | 训练集 | 验证集 | 测试集 |
|---|---|---|---|---|
| | 句子 | 3800 | 460 | 480 |
| Resume | 词 | 124 100 | 13 900 | 15 100 |
| | 实体 | 1340 | 160 | 150 |

| 数　据　集 | 类型 | 训练集 | 验证集 | 测试集 |
|---|---|---|---|---|
| | 句子 | 1400 | 270 | 270 |
| WeiboNER | 字 | 73 800 | 14 500 | 14 800 |
| | 实体 | 1890 | 390 | 420 |

### 6.6.2　超参数

模型字嵌入维度为 100,拼音嵌入维度为 100,五笔嵌入维度为 100,在模型训练过程中进行微调。BiLSTM 的隐藏单元为 150,采用 Adam 优化器,初始学习率为 0.001,衰减率为 0.9。为了防止过拟合,在 BiLSTM 隐藏单元处应用 dropout,值为 0.5。批次大小为 20,梯度裁剪为 3。在总共 100 个 epoch 的训练过程中,如果 20 个 epoch 内的结果没有提升会提前终止训练。采取精确率 P(precision)、召回率 R(recall)和 F1-score 作为评价指标对实验结果进行评测,其中 F1-score 值作为主要评价指标。

### 6.6.3　模型的横向对比

表 6.2 展示了模型在 WeiboNER 数据集上与最近的模型的横向对比结果,WeiboNER 数据集标注的实体类型有两种:一种是 name mention,是比较明确的命名实体,如人名“乔布斯”;另一种是 nominal mention,是比较宽泛的称呼,如“男人”。在本次实验中,只关注 name mention 的识别。Peng 等(Peng and Dredze 2015)[144]联合训练 embeddings 和 NER 任务,在命名实体识别中达到了 51.96% 的 F1-score 值。此后,他们 (Peng and Dredze 2016)[147]又联合训练 NER 和中文分词任务,将 F1-score 值提高到了 55.28%。He 等(He and Sun (2017a))[148]提出了一个利用跨领域和半监督数据的模型,将 F1-score 值从 50.60% 提高到了 54.50%。Lattice LSTM[149]利用网格结构将词典信息整合到 LSTM 模型中,获得了 53.04% 的 F1-score 值。Cao 等[146]提出了新颖的对抗迁移学习模型并应用在 NER 任务上,获得了 54.34% 的 F1-score 值。CAN 模型将卷积自注意力网络应用在中文 NER 中,达到了之前最好的 55.38% 的 F1-score 值。本书所提出的融合拼音与五笔嵌入的模型达到了 55.58% 的 F1-score 值,比之前的模型 F1-score 的值提高了 0.2%,这证明了本章中模型的有效性。

表 6.3 展示了模型在 Resume 数据集上与当前模型的横向对比结果,前 3 个模型都是 Zhang 等[149]提出来的,他们提出的 Lattice LSTM 模型是利用网格结构将词典信息整合到 LSTM 模型中,达到了 94.46% 的 F1-score 值。卷积自注意力网络达到了早前最好

的 F1-score 值 94.94%,本章提出的融合拼音与五笔嵌入的模型将 F1-score 值从 94.94% 又提高到了 96.13%,这证明了本章所提出模型的有效性。

表 6.2　在 WeiboNER 数据集上的横向对比(%)

| 模　　型 | Precision | Recall | F1-score |
| --- | --- | --- | --- |
| Peng and Dredze (2015) | 74.78 | 39.81 | 51.96 |
| Peng and Dredze (2016) | 66.67 | 47.22 | 55.28 |
| He and Sun (2017a) | 66.93 | 40.67 | 50.60 |
| He and Sun (2017b) | 61.68 | 48.82 | 54.50 |
| Lattice LSTM | — | | 53.04 |
| BiLSTM+CRF+adv+Self-Attention | 59.51 | 50.00 | 54.34 |
| CAN Model | — | | 55.38 |
| 字嵌入(+拼音+五笔嵌入)(Our) | **59.57** | **52.09** | **55.58** |

表 6.3　在 Resume 数据集上的横向对比(%)

| 模　　型 | Precision | Recall | F1-score |
| --- | --- | --- | --- |
| word+bichar+softword | 94.07 | 94.42 | 94.24 |
| char+bichar+softword | 94.53 | 94.29 | 94.41 |
| Lattice LSTM | 94.81 | 94.11 | 94.46 |
| CAN Model | 95.05 | 94.82 | 94.94 |
| 字嵌入(+拼音+五笔嵌入)(Our) | **96.31** | **95.95** | **96.13** |

### 6.6.4　消融实验

表 6.4 展示了五笔嵌入和拼音嵌入在 WeiboNER 数据集上对模型性能的影响。通过实验结果可以看出,单纯地使用字嵌入,模型可以达到 54.40% 的 F1-score 值,通过加入五笔嵌入,模型可以达到 54.95% 的 F1-score 值,F1-score 值提高了 0.55%。证明了加入五笔嵌入的有效性。通过加入拼音嵌入,模型可以达到 54.64% 的 F1-score 值,提高了 0.24%,证明了加入拼音嵌入的有效性。通过加入拼音嵌入和五笔嵌入,模型可以达到 55.58% 的 F1-score 值,提高了 1.18% 的 F1-score 值,证明了五笔嵌入和拼音嵌入对中文命名实体识别都是有效的。

表 6.4　在 WeiboNER 数据集上的消融实验（%）

| 模　型 | Precision | Recall | F1-score |
|---|---|---|---|
| 字嵌入 | 61.76 | 48.61 | 54.40 |
| 字嵌入＋五笔嵌入 | 58.73 | 51.63 | 54.95 |
| 字嵌入＋拼音嵌入 | 61.27 | 49.30 | 54.64 |
| **字嵌入＋拼音嵌入＋五笔嵌入** | **59.57** | **52.09** | **55.58** |

表 6.5 展示了五笔嵌入和拼音嵌入在 Resume 数据集上对模型性能的影响。通过实验结果可以看出，单纯地使用字嵌入，模型可以达到 95.65% 的 F1-score 值，通过加入五笔嵌入，模型可以达到 95.99% 的 F1-score 值，提高了 0.34%，证明了加入五笔嵌入的有效性。通过加入拼音嵌入，模型可以达到 95.80% 的 F1-score 值，提高了 0.25%，证明了加入拼音嵌入的有效性。通过加入拼音嵌入和五笔嵌入，模型可以达到 96.13% 的 F1-score 值，提高了 0.48%，证明了五笔嵌入和拼音嵌入对中文命名实体识别都是有效的。

表 6.5　在 Resume 数据集上的消融实验（%）

| 模　型 | Precision | Recall | F1-score |
|---|---|---|---|
| 字嵌入 | 96.21 | 95.09 | 95.65 |
| 字嵌入＋五笔嵌入 | 96.58 | 95.40 | 95.99 |
| 字嵌入＋拼音嵌入 | 96.40 | 95.21 | 95.80 |
| **字嵌入＋拼音嵌入＋五笔嵌入** | **96.31** | **95.95** | **96.13** |

## 6.7　本章小结

在本章中，提出通过引入拼音嵌入和五笔嵌入来利用汉字的语音、结构和语义特征进行 NER 任务。综合分析了拼音和五笔在命名实体识别中的重要性，并在两个中文命名实体识别数据集上证实了其有效性。

## 本篇小结

本篇针对英文和中文命名知识实体识别进行了较为全面的工作研究。首先，提出了一种基于 S-LSTM 构建了英文 NER 新的上下文词状态与句子状态表示模型，可以增强每个词的全局信息表示。然后,提出了一个基于句子语义与 Self-Attention 机制的中文和英文 NER 模型。通过将上下文词表示与句子表示进行拼接,使得每个词能获得丰富的语义信息,通过利用 Self-Attention 机制可以直接捕捉句子中任意两个词的长距离依赖,更好地捕捉整个句子的全局依赖。最后,提出了一种融合了拼音嵌入与五笔嵌入的中文 NER 模型。汉字的拼音与其语义高度相关,拼音提供了所需的额外语音和语义信息,此外,大量的汉字是象形文字,五笔提供了额外的结构特征,有利于找到潜在的语义关系及单词边界。

本篇在针对不同的模型在多个基准数据集上进行实验,通过纵向对比实验结果,不同模型所获得的实体识别效果均优于基准模型;通过横向对比实验结果,模型具有很强的竞争力。未来,在提高模型性能的同时要降低模型的复杂度和训练时间,其次还应该借助外部的知识提高模型性能,最后还应该增强模型的可解释性,这些都是后续可以进一步开展研究工作的方向。

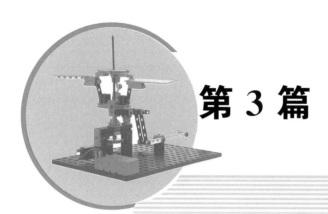

# 第 3 篇

# 垂直领域的实体关系分析

　　本篇分为 4 部分。首先,介绍基于远程监督方法的关系抽取模型;说明有监督关系抽取方法在标注数据集方面的不足;阐述远程监督方法如何通过自动标注来扩展数据集。详细介绍了远程监督方法如何自动标注数据集,并且通过"注意力机制"和"补偿机制"消除错误标签对模型性能的影响,在国际标准数据集上与先进的基线方法进行对比分析。其次是基于小样本学习的关系抽取模型;详细介绍了小样本学习的发展历程和如何扩展至关系抽取领域;基于小样本关系抽取数据集,提出了异构图神经网络模型,并且引入对抗学习进一步提高模型的鲁棒性;在国际标准小样本关系分类数据集上,取得了同期较为先进的实验结果。再次介绍文档级别的关系抽取模型;分析了句子级别关系抽取模型的局限性,提出了文档级别的关系抽取模型;该模型能够汇集文档中出现的共现信息,利用"注意力"机制抽取重要信息,结合上下文信息进行关系预测推理;在国际标准文档级别关系分类数据集上取得了同期较为先进的实验结果。最后,一个句子中可能包含多个实体和多种关系,实体之间可能存在重叠,为了解决这种复杂场景下的关系抽取,本篇探索了有效的建模方式和表示学习方法进行实体关系联合抽取。

# 第7章 基于远程监督方法的关系抽取

## 7.1 概　　述

关系抽取是自然语言处理领域中一个重要的基础任务,其性能的好坏对于众多的下游任务(如智能问答、知识图谱和对话系统)来说是至关重要的。有监督的学习方法将关系抽取任务当作分类问题,根据训练数据设计有效的特征工程,依据这些特征表示构建各种分类模型。有监督的学习方法是目前关系抽取较为主流也是表现最好的方法,但其最大的缺点就是需要大量的人工标注语料。如何获得大量的有标注的语料就成为了目前工作的重点,远程监督方法由此孕育而生。在知识库中有关系实例$<A,R,B>$,表示实体$A$和$B$之间存在$R$关系。将其和大量的非结构化文本对齐,令所有包含实体$A$和实体$B$的句子归到一个包(bag)中,根据知识库中已标注的关系实例$<A,R,B>$,将bag中的所有句子都视为表达关系$R$,从而获得大量的有标注数据。本章基于远程监督学习方法,提出了应用于深度残差卷积神经网络中的补偿机制,进一步缓解了深层网络传播中数据丢失和变形的问题,并且引入句子包级别的注意力机制,充分地利用了远程监督方法生成的数据。另外,为了提升所提出的模型鲁棒性,本章在训练过程中引入对抗学习方法。本章总体结构安排如图7.1所示。

图 7.1　基于远程监督的关系抽取模型框架图

# 7.2 深度卷积神经网络

## 7.2.1 文本向量化表示

在关系抽取任务中,所处理的文本语料的基本单位为句子,其目标是识别出句子中实体之间所存在的关系。和众多自然语言处理任务相同,关系抽取任务的第一步也是将句子文本转换为向量表示。句子中的每个单词被转化为词嵌入表示和位置嵌入表示。在句子 $S=\{x_1,x_2,\cdots,x_m\}$ 中,$x_i(1\leqslant i\leqslant m)$ 为句子中第 $i$ 个单词,$e_1$ 和 $e_2$ 分别为句子中对应的两个实体。

为了捕获文本的语法和语义信息,本章将单词转化为预训练的分布式向量化表示。通过查询预训练的 GloVe 词嵌入矩阵[11],将句子中的每个单词 $w_i$ 都被转变成低维向量($w_i \in \mathbf{R}^{d_w}$)。

在关系抽取任务中,目标是捕获句子中两个实体之间的关系。句子中单词和两个实体之间的距离,蕴含着十分重要的意义。与 Zeng 等[45]的工作相同,本书位置特征结合了当前单词同两个实体之间的相对距离。如图 7.2 所示,词组"地球"距离词组"太阳"和"恒星"的相对距离分别为 2 和 −2。然后通过随机初始化的位置矩阵,将每个单词的两个相对距离转换成低维位置嵌入 $p_i^1,p_i^2 \in \mathbf{R}$。

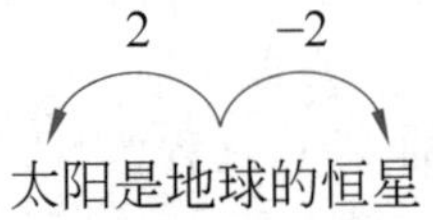

$$2 \qquad -2$$

太阳是地球的恒星

图 7.2 相对位置示意图

最后,将句子中每个单词的词嵌入和位置嵌入拼接起来,作为单词的向量化表示。如图 7.3 所示,本章假设词嵌入维度 $d_w$ 为 3,位置嵌入维度 $d_p$ 为 1。那么,最终单词的向量化表示的维度为 $d=d_w+2d_p$。

## 7.2.2 残差神经网络

近年来,众多研究工作[150,151]表明,神经网络的深度对于模型性能的提升是至关重要的。深层卷积神经网络在图像分类任务上也取得了一系列令人瞩目的突破[152,153]。但是随着网络深度的不断加深,模型精度区域会逐渐饱和然后迅速下降。并且这种网络退化不是由于过拟合造成的,而是由于梯度消失/梯度爆炸问题导致的[154]。为了缓解梯度消失/梯度爆炸对深层网络的影响,本章采用多层残差神经网络[155]来缓解这一问题。

本章使用 CNN 去汇集句子文本向量的局部信息,然后预测全局性关系类型标签。为了缓解深层网络中梯度消失和梯度爆炸的问题,本章将几个卷积层和非线性层堆叠成单元残差块,利用残差神经网络来缓解这一问题。对于句子文本向量化表示,假设 $V \in \mathbf{R}^{m \times n}$ 和 $W \in \mathbf{R}^{m \times n}$,并且定义文本卷积操作,见公式(7-1)。

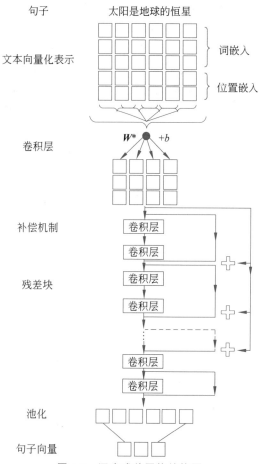

图 7.3　深度残差网络结构图

$$V \otimes W = \sum_{i=1}^{m} \sum_{j=1}^{n} v_{i:i+j} W_q \qquad (7\text{-}1)$$

其中：$v_{i:i+j}$ 代表将句子中索引为 $i$ 到 $i+j$ 单词的向量化表示 $[v_i, v_{i+1}, \cdots, v_{i+j}]$，按维度拼接起来。给定一个句子，CNN 通过卷积核 $W_q$（卷积核尺寸为 $h$）从 $v_{i:i+j}$ 去抽取局部特征，获得隐层向量 $c_i \in \mathbf{R}^{|s|-h+1}$。卷积核扫描完整个句子后获得最终隐状态，当卷积核随着窗口滑动到句子外时，使用 0 向量填充矩阵边缘。在句子级别上，一个完整的卷积操作见公式(7-2)。

$$c_i = f([v_i, v_{i+1}, \cdots, v_{i+j}] \otimes W_q + b) \qquad (7\text{-}2)$$

其中：$b \in \mathbf{R}$ 是偏置向量；函数 $f()$ 为非线性函数。

普通网络线性堆叠会导致网络在训练过程中出现退化,残差学习通过"自身映射"(identity mapping)和"短路连接"(shortcut connection)操作使得深层网络易于优化。Huang 等[155]首次将残差学习应用到关系抽取领域,每个残差块由若干个卷积层和激活层组成,并取得了同期较为先进的实验结果。为了保持数据在传播过程中维度固定,本章采用 same 卷积方法,即通过填充边缘向量使得卷积层输入和输出的维度相同。在残差网络中,每个卷积层都有若干个卷积核 $w_i \in \boldsymbol{R}^h$,对于网络中第 $i$ 层卷积,定义见公式(7-3)。

$$\boldsymbol{C}_i = f(\boldsymbol{w}_i \otimes \boldsymbol{c}_{i,i+h-1} + \boldsymbol{b}_i) \tag{7-3}$$

其中:$b_i \in \boldsymbol{R}$ 为偏置;$C_i$ 为卷积层的输出。假设一个残差块包含两个卷积层,$w_1,w_2 \in \boldsymbol{R}^h$ 为每层的卷积核,对于第一层卷积见公式(7-4)。

$$\boldsymbol{C}_i^1 = f(\boldsymbol{w}_i \otimes \boldsymbol{c}_{i,i+h-1} + \boldsymbol{b}_1) \tag{7-4}$$

对于第二层卷积,见公式(7-5)。

$$\boldsymbol{C}_i^2 = f(\boldsymbol{w}_2 \otimes \boldsymbol{c}_{i,i+h+1}^1 + \boldsymbol{b}_2) \tag{7-5}$$

其中:$b_1,b_2 \in \boldsymbol{R}$ 为偏置。残差神经网络中的"自身映射"和"短路连接"见公式(7-6)。

$$c = c + C \tag{7-6}$$

### 7.2.3 补偿机制

在深层神经网络中,梯度消失和梯度爆炸是造成深层网络难以大规模训练的主要因素之一。残差学习中的"自身映射"和"短路连接"改变了网络反向传播中梯度连续相乘的表现形式,进一步缓解了深层网络难以训练的瓶颈问题。然而,残差学习仅仅复制前一个残差块的输入信息到下一层的残差块,并不能根据实际情况调整信息流。在本节,为了对残差神经网络的信息流进行合理调整,利用门控机制(gating mechanism)动态地补偿原始数据到每层残差块的输入。网络会根据残差块所处的网络深度,动态地调整补偿系数。本节在深层残差神经网络中提出的补偿机制见公式(7-7)。

$$c = (c + C)(1 - g(C)) + c_0 g(C) \tag{7-7}$$

其中:$c_0$ 为残差网络的原始输入。不难看出,公式(7-7)其实是由公式(7-6)演化而来的,$c+C$ 代表残差操作中的"自身映射"和"短路连接"。为了根据网络的深度动态地对残差块补偿原始数据(如图 7.3 中,黑色加粗箭头所示),在原始输入 $c_0$ 和 $c+C$ 之间添加了一个门控机制。公式为

$$g(C) = \tan(C) + b \tag{7-8}$$

此外,$b$ 根据网络深度的增加还会不断变化。公式为

$$b = b_0 + \nabla b \cdot i \tag{7-9}$$

其中:$b_0$ 为初始化偏置;$\nabla b$ 是偏置的变化率,$i$ 代表该残差块在网络中所处的深度。公式(7-7)～公式(7-9)代表本章在深度残差神经网络中提出的补偿机制,该补偿机制作用

于网络中的每一个残差块。

在 CNN 中,每个卷积核通过扫描整个句子得到隐藏层向量,再通过最大池化层提取隐层状态中最大的值作为特征向量,从而达到提取句子特征的目的。而且,这种设计很自然地解决了句子长度不定的问题,句子向量的维度和卷积核个数保持相同。然而,最大池化操作过于粗暴地减少了隐藏层的大小,无法捕获细粒度句子特征,从而丢失了部分句子信息。为了抽取更细粒度的句子特征,采用分段最大池化(piecewise max pooling)来提取隐藏层向量。在关系抽取任务中,一个句子包含两个实体,根据两个实体的位置将句子分为 3 段,分别进行最大池化操作,并且返回每段的最大值。例如,当只含有一个卷积核时,经过分段池化操作隐藏层输出向量 $c_i$ 被 $\{c_i^1, c_i^2, c_i^3\}$ 代替。公式为

$$p_{ij} = \max(c_{ij}) \quad 1 \leqslant i \leqslant n, 1 \leqslant j \leqslant 3 \tag{7-10}$$

其中: $p_i$ 被设置为级联的形式。最后,输出向量经过非线性激活层(如 ReLU)。

### 7.2.4　注意力机制

本节是基于远程监督方法的关系抽取,如相关工作中所述,错误标签会不可避免地影响模型的性能。可以利用句子级别的"注意力"机制来缓解这一问题。本节利用残差卷积神经网络来提取句子向量化表示,之后对一个句子中的多个实例施加句子级别的"注意力"机制,动态地减少噪声实例对模型性能的影响。

给定一个句子集合 $S$,$S$ 中有 $n$ 个包含相同实体对的句子 $S = \{s_1, s_2, \cdots, s_n\}$。为了充分利用所有的句子信息,使用向量化表示 $S$ 来代表句子集合 $S$。句子集合的向量化表示 $S$ 见公式(7-11)。

$$S = \sum_{i=1}^{n} \alpha_i s_i \tag{7-11}$$

其中: $\alpha_i$ 是集合中句子的权重系数,见公式(7-12)。

$$\alpha_i = \frac{\exp(e_i)}{\sum_{k=1}^{n_r} \exp(e_k)} \tag{7-12}$$

其中: $e_i$ 是基于查询的函数,它对输入句子 $x$ 和预测关系类型 $r$ 的匹配程度进行评估,见公式(7-13)。

$$e_i = s_i A r \tag{7-13}$$

其中: $A$ 为权重对角阵; $s_i$ 是与关系相关的查询向量; $r$ 是关系类型的向量化表示形式。最终,关系向量 $S$ 被用于计算与各个类别的相似程度。公式为

$$o = MS + b \tag{7-14}$$

其中: $b$ 为偏置; $M$ 代表关系类别矩阵。最后,通过 Softmax 函数来计算句子和类别之间

的置信度。公式为

$$p(r \mid S, \theta) = \frac{\exp(\boldsymbol{o}_r)}{\sum_{k=1}^{n_r} \exp(\boldsymbol{o}_k)} \tag{7-15}$$

本节使用随机梯度下降算法进行模型优化,定义交叉熵损失函数见公式(7-16)。

$$J(\theta) = \sum_{i=1}^{s} \ln p(\boldsymbol{r}_i \mid \boldsymbol{S}_i, \theta) \tag{7-16}$$

其中：$s$ 代表句子集合的个数；模型中所有的参数都用 $\theta$ 来代表,并且所有参数一起训练。为了防止过拟合,在实际实验中还添加了 Dropout 层。

## 7.3 对 抗 训 练

本节通过计算模型输出的反向梯度,对残差卷积神经网络的词嵌入层添加小而持久的扰动噪声,从而完成对模型的对抗训练。将生成的扰动信息 $\boldsymbol{e}_{\mathrm{adv}}$ 添加到原始词嵌入层,在损失函数最大化时得到扰动样例。公式为

$$\boldsymbol{e}_{\mathrm{adv}} = \mathrm{argmax}\, L(\boldsymbol{w} + \boldsymbol{e}_{\mathrm{adv}}; \theta)$$
$$\|\boldsymbol{e}\| < \varepsilon \tag{7-17}$$

其中：$\theta$ 代表对当前模型所有参数的复制。公式(7-17)对于神经网络来说,是十分难以训练的。故对公式(7-17)进行了简化：

$$\boldsymbol{e}_{\mathrm{adv}} = \frac{\varepsilon \boldsymbol{g}}{\|\boldsymbol{g}\|}, \boldsymbol{g} = \nabla_w L(\boldsymbol{w}; \theta) \tag{7-18}$$

其中：$\varepsilon$ 代表扰动系数,在实验中是一个超参数。对于本节介绍的所有方法技术,在下一节中都会有详细的实验结果展示和分析,旨在科学严谨地论证阐述所提出方法的有效性。

## 7.4 实验与分析

本节旨在通过实验和分析证明在深度残差神经网络中提出的补偿机制对关系抽取任务是有益的。并且,利用句子级别的“注意力”机制能够充分地利用句子信息,在训练过程中引入对抗学习技术能够进一步提高模型的鲁棒性。本节将分 4 部分来分别阐述实验过程。首先,将介绍实验中所使用的数据集和评价指标。其次,给出实验中完整的模型参数。然后,通过大量对比实验证明提出的补偿机制的有效性。最后,与同期最为先进的研究工作进行横向对比分析。

### 7.4.1　数据集和评估指标

在本节中,使用国际通用标准远程监督关系抽取数据集[156]来评估本章所提出的模型。该数据集是通过小规模有标注数据对齐 Freebase 和纽约时报(New York Times,NYT)数据库生成的。在该数据库中,纽约时报 2005—2006 年的数据用于模型训练,2007 年的数据用于模型测试。该数据集有两种国际标准版本:第一种版本数据量相对较少,本节称之为 SMALL;第二种版本数据较多,本节称之为 LARGE。

对于 SMALL 版本 NYT 数据,遵循 Zeng 等[157]发布的过滤版本。过滤版本的 NYT 数据集删除了部分原始数据,删除规则如下:①删除数据集中的重复句子;②删除两个实体之间大于 40 个单词的句子;③删除实体为其他实体子字符串的句子。

对于 SMALL 版本和 LARGE 版本的数据集,在表 7.1 中详细展示了两种数据集的详细情况。

表 7.1　数据集统计表

| 数据集 | 句子包 | "正例"包 | "注意力"包 | 句子个数 | 关系个数 |
|---|---|---|---|---|---|
| SMALL 训练集 | 65 726 | 4266 | 1889 | 112 941 | 27 |
| SMALL 测试集 | 93 574 | 1732 | 608 | 152 416 | 27 |
| LARGE 训练集 | 281 270 | 18 252 | 11 570 | 522 611 | 53 |
| LARGE 测试集 | 96 678 | 1950 | 751 | 172 448 | 53 |

如表 7.1 所示,两个版本的数据集数据量相差比较大。其中,"正例"包表示该类句子包中关系表达为非 NA(没有关系)关系;"注意力"包表示,该类句子包中的句子个数大于 1。

遵循国际标准方法,本节使用交叉验证来评估模型。先前的研究工作表明,交叉验证方法对于评价该任务十分有效。在两种版本的数据集上都使用准确率(precision)和召回率来评估模型。

### 7.4.2　实验设置

为了严谨地阐述实验细节,本节详细介绍实验中所使用的全部参数。实验中使用 Lin 等[47]发布的词嵌入工具,该词嵌入工具是使用 Word2vec 方法在 NYT-Freebase 语料库上预训练得到的。实验中,词嵌入的维度为 50,位置嵌入的维度为 5,卷积网络中的核窗口大小为 3,补偿机制中偏置的改变率为 0.05,残差块的层数为 4,卷积核的个数为 300,详细参数情况见表 7.2。

表 7.2　详细参数情况

| 超　参　数 | 数　值 |
| --- | --- |
| 卷积核窗口大小 | 3 |
| 词嵌入维度 | 50 |
| 位置嵌入维度 | 5 |
| 卷积核个数 | 300 |
| 偏置转换率 | 0.05 |
| Dropout 概率 | 0.5 |
| 学习率 | 0.001 |
| 残差层数 | 4 |

### 7.4.3　补偿机制的有效性

为了验证提出补偿机制的有效性,本节使用交叉验证方法来评估不同的方法。本节选择 Huang 等[155] 提出的 ResNet 模型作为基线方法,在不同的网络深度和本节提出的补偿机制做对比实验。为了清楚地展示实验细节,本节使用简称来代表不同的模型。例如,COMP＋RES＋ATT-9 代表 9 层残差神经网络＋补偿机制＋"注意力"机制。

如图 7.4 所示,图中横坐标代表召回率,纵坐标代表准确率,该图为准确率—召回率图,曲线下的面积能够准确反映模型的整体性能。从图 7.4 的 3 幅图中观察到以下几个结论:①随着引入补偿机制,深度残差神经网络在不同深度下的实验结果均高于普通残差神经网络(曲线 COMP＋RES＋ATT-5、COMP＋RES＋ATT-7 和 COMP＋RES＋ATT-9 在准确率—召回率图中的面积,均高于曲线 RES＋ATT-5、RES＋ATT-7 和 RES＋ATT-9),实验结果表明,在远程监督关系抽取任务中引入补偿机制是真实有效的;残差神经网络利用"自身映射"和"短路连接"操作只能缓解深层网络中梯度消失/梯度爆炸问题,本章提出的补偿机制还能进一步缓解深层网络中数据失真的问题;②随着网络深度的增加,COMP＋RES＋ATT-x 和 RES＋ATT-x 的实验结果都有明显的提升,这表明深层神经网络对关系抽取任务的特征提取来说是不可或缺的;③随着网络深度的增加,补偿机制对残差神经网络的提升更加明显,这表明数据丢失和数据失真问题在深层神经网络中更加严重,而本章提出的补偿机制能够很好地缓解这一问题。

为了更加严谨地论述提出补偿机制的有效性,本节还在 SMALL 数据集上评估了提出的模型。从图 7.5 的 3 幅图中,观察并得到以下几个结论:①在相同深度的网络中,

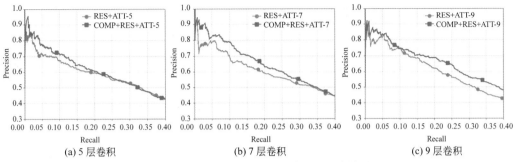

(a) 5 层卷积          (b) 7 层卷积          (c) 9 层卷积

图 7.4  在 LARGE 数据集上补偿机制实验结果图

SMALL 数据集上的实验效果均差于在 LARGE 上的实验效果,通过观察 SMALL 和 LARGE 两个版本的数据集,不难发现 SMALL 的训练数据要远小于 LARGE 的训练数据,而两个版本的测试数据规模大致保持相同,这是导致在 SMALL 数据集上实验结果提升不高的主要因素之一;②随着在残差神经网络中引入补偿机制,虽然在 SMALL 数据集上的实验结果有所提升,但略逊色于在 LARGE 数据上的提升效果,这在一定程度上表明,补偿机制更加适用于深层神经网络。

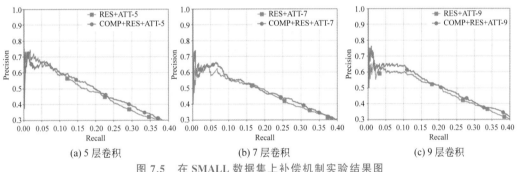

(a) 5 层卷积          (b) 7 层卷积          (c) 9 层卷积

图 7.5  在 SMALL 数据集上补偿机制实验结果图

从图 7.4 和图 7.5 中不难发现,在不同深度的不同数据集上,补偿机制对残差神经网络都有不同程度的提升。神经网络通过残差连接可以重构非线性层的叠加方式,提高模型在深度网络上的性能。残差网络通过"自身映射"和"短路连接"改变了梯度连乘的形式,缓解了深层网络中梯度消失/梯度爆炸的问题。但是,"自身映射"操作只能以不变的形式在网络中传播。而本章在残差网络中提出的补偿机制能够基于网络的深度动态地补偿原始数据给残差块。本节通过大量的对比实验证明,补偿机制对于关系抽取任务是有所增益的。

### 7.4.4 对抗训练的有效性

从图 7.6 中,可以观察到以下结论:①随着将对抗学习引入到本章的实验中,在不同网络深度下的实验结果均得到了提高,这说明在实验中引入适用于自然语言领域的对抗学习,能够提升模型在关系抽取任务上的鲁棒性;②引入对抗学习后,模型的准确率—召回率曲线下降的速度明显放缓,并且在实验过程中发现,当去除对抗性训练后,模型过拟合现象明显出现,这说明对抗训练能在一定程度上解决过拟合问题。

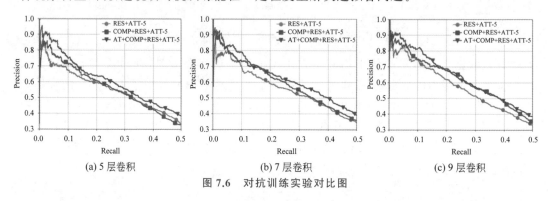

(a) 5 层卷积     (b) 7 层卷积     (c) 9 层卷积

图 7.6 对抗训练实验对比图

从表 7.3 可以看出之前的模型经过对抗训练后,在 100/200/300 步上准确率都有不小的提升。这表明,对抗训练对于远程监督关系抽取能够起到增益效果。

表 7.3 实验结果(%)

| $P@N(\%)$ | 100 | 200 | 300 | 平均值 |
|---|---|---|---|---|
| CNN+ATT | 76.2 | 68.6 | 59.8 | 68.2 |
| PCNN+ATT | 76.2 | 73.1 | 67.4 | 72.2 |
| PCNN+ATT+soft-label | 87.0 | 84.5 | 77.0 | 82.8 |
| RES+ATT-9 | 80.2 | 75.6 | 72.3 | 76.0 |
| COMP+RES+ATT-9 | 85.4 | 78.5 | 75.8 | 79.9 |
| AT+COMP+RES+ATT-9 | 88.1 | 82.6 | 78.1 | 82.9 |

注:$P$ 为准确率,$N$ 为实体对中句子个数。

### 7.4.5 与先进基线方法对比

为了横向评估提出模型的有效性,本节选择了先进的基线方法来做对比。

Mintz:是关系抽取任务上标杆性工作[46]。

MultiR：是一种概率图模型，能够处理关系重叠的多实例样本[158]。

MIML：是一种联合多个实例多个标签的关系抽取模型[159]。

PCNN＋ATT：是一种句子级别的注意力机制关系抽取模型[47]。

PCNN＋ATT＋soft-label：是一种结合实体对表示和软标签信息，在训练过程中改变标签类型的关系抽取方法[47]。

从表 7.4 中可以得出如下几个结论：①随着在残差网络中引入补偿机制，实验结果在所有设置下的准确率都提高了 4％以上，这充分说明了提出补偿机制的有效性；②本章所提出的模型的实验结果显著超越 PCNN＋ATT 模型，这说明深层网络结构能够捕捉到深层次句子特征。

表 7.4　实验结果(%)

| 模　　型 | One | | | Two | | | All | | | |
|---|---|---|---|---|---|---|---|---|---|---|
| P@N(%) | 100 | 200 | 300 | 100 | 200 | 300 | 100 | 200 | 300 | 平均 |
| CNN＋ATT | 76.2 | 65.2 | 60.8 | 76.2 | 65.7 | 62.1 | 76.2 | 68.6 | 59.8 | 68.2 |
| PCNN＋ATT | 73.3 | 69.2 | 60.8 | 77.2 | 71.6 | 66.1 | 76.2 | 73.1 | 67.4 | 72.2 |
| PCNN-ATT＋soft-label | 84.0 | 75.5 | 68.3 | 86.0 | 77.0 | 73.3 | 87.0 | 84.5 | 77.0 | 82.8 |
| RES＋ATT-9 | 75.4 | 67.5 | 63.2 | 75.6 | 73.5 | 68.2 | 80.2 | 75.6 | 72.3 | 76.0 |
| COMP＋RES＋ATT-9＋soft | 76.4 | 72.5 | 66.3 | 75.4 | 73.5 | 69.7 | 82.1 | 76.5 | 72.1 | 76.9 |
| COMP＋RES＋ATT-9 | 76.4 | 74.3 | 65.9 | 82.3 | 73.5 | 68.9 | 85.4 | 78.5 | 75.8 | 79.9 |

从图 7.7 中可以得出以下几个结论：①COMP＋RES＋ATT-9 在整个准确率—召回率曲线内优于所有基线方法。当召回率大于 0.05 时，所有基线方法性能迅速下降；相比之下，本章提出的模型下降速度较为合理，直到召回率大约回归到 0.25 时才下降较快；相似的是这些基线方法全都使用单词神经网络，这说明浅层神经网络不能有效地提取句子深层语义信息，而在深层网络中提出的补偿机制能够提取到句子的更多特征；②在没有使用更为先进的"注意力"的情况下，本章所提出模型的整体性能高于 PCNN＋ATT＋soft-label。

从图 7.8 中不难得出以下几个结论：①COMP＋RES＋ATT-9 和 RES＋ATT-9 方法的实验结果均高于基线方法，基线方法当在召回率大于 0.1 时会迅速下降，而本章的模型在召回率为 0.3 附近还有较为合理的精度，这表明深层网络结构能够更加有效地提取句子特征；②通过实验发现 PCNN＋ATT 在 SMALL 数据集上的实验结果低于 PCNN＋

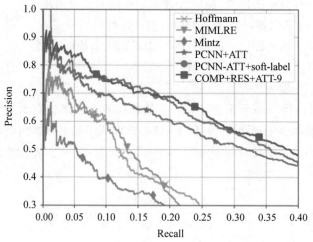

图 7.7　在 LARGE 数据集上与基线方法对比图

ONE,这与预期不符;通过分析,这是由于在 SMALL 数据集上"注意力"包的占比较小,使得"注意力"机制不能摒弃噪声数据的影响,从而影响了模型的性能。SMALL 数据集和 LARGE 数据集的详细统计情况如图 7.9 所示。

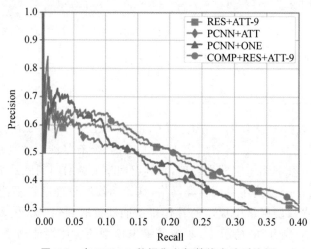

图 7.8　在 SMALL 数据集上与基线方法对比图

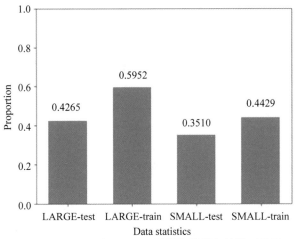

图 7.9　SMALL 和 LARGE 数据集的详细统计对比图

## 7.5　不足和展望

虽然本章提出的方法在国际标准远程监督数据集上取得了同期较为先进的实验结果,但还是存在着一些缺点和不足。首先,本章提出的补偿机制旨在对原始数据进行动态的补偿,只考虑到了数据丢失和数据变形这一问题,没有考虑数据冗余的情况,笔者相信还存在着更为合理的补偿策略能够同时处理数据缺失和数据冗余。其次,本章提出的关系抽取模型和先前工作都是采用 CNN,未来应当探索例如,RNN 或 LSTM 等更多的基础神经网络在关系抽取上的应用。最后,基于远程监督方法的关系抽取难以完全的摒弃噪声数据对模型性能的影响,应当探索如基于小样本学习的关系抽取的其他方法。

## 7.6　本 章 小 结

本章在远程监督关系抽取任务上,在深度残差网络中提出补偿机制,在国际标准的 NYT 远程监督数据集上取得了同期较为先进的实验结果。本章在不同规模的数据集上进行了详细的对比实验,致力于严谨科学的论证所提出方法的有效性。实验结果表明,所提出的补偿机制能够提取句子深层语义信息。并且,通过对比实验,本章在模型训练过程中引入的对抗学习策略能够提升模型的鲁棒性。总的来说,补偿机制和对抗学习对于远程监督关系抽取是真实有效的。

# 第8章 基于小样本学习的关系抽取

## 8.1 概 述

基于有监督方法的关系抽取模型性能较好,但是受限于数据集的获取,难以大规模扩展。基于远程监督数据集的关系抽取方法易于扩展,但是受限于错误标签的影响,目前研究的模型性能提升陷入了瓶颈期。因此,如何仅依赖少量高质量有监督数据来训练模型,成为了当下关系抽取领域最重要的挑战之一。受启发于人类可以从少量样本中快速学习新的知识,小样本学习致力于从具有大量实例的普通类中学习缺少实例的不常见类中的潜在信息。基于小样本学习的分类方法,指在基于每个类别中少量的几个实例样本去训练模型,使其最终能够预测训练过程中没有出现的新类别。

Mishra 等[55]假设每个类别都存在一个类原形点,提出了一个针对小样本学习的原型网络(prototypical network)。该方法旨在学习一个用于分类的度量空间,通过计算每个类别的原形表示来训练该空间度量。Yao 等[56]使用图卷积神经网络进行文本分类,通过大量实验揭示了监督数据的规模对图模型的影响,并进一步说明了图卷积神经网络对少量数据具有很强的鲁棒性。Garcia 等[160]定义了一种基于图神经网络的小样本学习框架,该框架是基于神经网络的消息传递算法,通过图中的邻接矩阵能够进行推理学习。随着小样本学习在图像领域取得了一定的成功,小样本学习近年来也在自然语言处理领域开始"崭露头角"。Han 等[18]提出了一种基于小样本学习的关系分类数据集(FewRel),并且采用同期最为先进的小样本学习方法,对该数据集进行了全面的评测。

本章节提出了一种应用于小样本学习的异构图神经网络(heterogeneous graph neural network)。所提出的模型对 FewRel 数据集的每个训练批次构建一个异构图神经网络,图中包含句子节点和实体节点。模型利用异构图神经网络从不同类型节点的邻域信息中捕获图的依赖关系。图中节点之间的消息传递依赖于边,如果两个实体同时出现在一个句子中,则构建这两个实体之间的边。如果实体出现在句子中,则构建该实体和该句子之间的边。句子节点可以将监督信号传递给相邻的实体节点,实体节点可以充当句子节点与类别之间的桥梁。不同类型的节点可以帮助异构图神经网络表达更为丰富的信息。此外,为了解决少量数据对过拟合和噪声高度敏感这一问题,本章同时在训练过程中引入对抗学习,期望能够进一步地提高模型的鲁棒性。并且,在数据集含有不同噪声比例的情景下,证明了异构图神经网络的有效性。

## 8.2　异构图神经网络

在小样本关系抽取任务中,本节提出了一种基于对抗训练的异构图神经网络模型。本节首先对目标任务做了详细的定义,然后阐述如何将句子和实体映射到图中节点的向量化表示,接着展示异构图中不同类型节点之间的消息传递方式,最后介绍如何将对抗训练引入异构图神经网络中。

### 8.2.1　任务定义

本节详细地描述问题的设置,并且定义基于小样本学习方法的关系抽取符号化表示。首先定义关系抽取任务为 $T(S,Q,x) \rightarrow y$,其中:$S$ 和 $Q$ 分别代表支持集和查询集。函数 $T$ 的目标是将支持集 $S$ 的信息迁移到查询集 $Q$ 中,支持集 $S$ 见公式(8-1)。

$$S = \{(x_1^1, x_1^2, \cdots, x_1^c), (x_2^1, x_2^2, \cdots, x_2^c), \cdots, (x_k^1, x_k^2, \cdots, x_k^c)\} \qquad (8\text{-}1)$$

支持集 $S$ 中有 $k$ 个类别,每个类别中有 $c$ 个实例,每个实例 $x$ 由一个单词序列组成 $x = \{w_1, w_2, \cdots, w_n\}$,其中包含一个实体对 $\{h, t\}$。本节任务的目标就是通过函数 $T$ 去预测查询集合中实例的类别标签。

在小样本学习中,每个训练批次数据的类别个数 $k$ 和实例个数 $c$ 通常是非常小的。小样本关系分类任务从支持集中的实例训练模型,然后使用训练后的模型对查询集中的实例 $q$ 进行预测。与许多小样本学习任务相同,本节也采用 $k$-类别 $c$-实例的实验设置。对应公式为

$$K = k, C = c \qquad (8\text{-}2)$$

### 8.2.2　节点的向量化表示

对于包含两个实体 $\{h, t\}$ 的一个句子 $x = \{w_1, w_2, \cdots, w_n\}$,本节使用卷积神经网络提取句子特征。卷积神经网络通过融合句子的所有局部特征来构造全局特征,从而获取句子的句法和语义信息。通过词嵌入技术,将每个单词 $w_i$ 转化成低维稠密向量 $w_i \in \mathbf{R}^{d_w}$。所有向量都是在预先训练好的 GloVe 词嵌入矩阵中查找,其中 $V \in \mathbf{R}^{d_w \times |V|}$ 是一个固定大小的词汇表,包含了词典中所有的单词。

本节的任务是为句子中的实体对预测关系类别。句子中单词离实体的距离表达有十分重要的意义,所以在词嵌入表示中引入位置嵌入。对于句子中的单词 $w_i$,其与头实体

$h$ 和尾实体 $t$ 都存在一个距离。通过维度为 $d_p \times p$ 的初始化位置嵌入矩阵 $\boldsymbol{V}_P$，将这两个相对距离转换为低维稠密向量 $\boldsymbol{p}_i^1$ 和 $\boldsymbol{p}_i^2$。最后，将单词词嵌入和位置嵌入连接起来，作为句子中每个单词的向量化表示。公式为

$$\{\boldsymbol{v}_1, \boldsymbol{v}_2, \cdots, \boldsymbol{v}_n\} = \{[\boldsymbol{w}_1 : \boldsymbol{p}_1^1 : \boldsymbol{p}_1^2], [\boldsymbol{w}_2 : \boldsymbol{p}_2^1 : \boldsymbol{p}_2^2], \cdots, [\boldsymbol{w}_n : \boldsymbol{p}_n^1 : \boldsymbol{p}_n^2]\} \tag{8-3}$$

此外，在头实体和尾实体向量表示中，一个实体可能是由多个单词构成的。

在本章提出的方法中，模型是基于异构图神经网络构建的。在异构图中包含两种类型的节点：句子节点和实体节点。为了获取节点的上下文信息，使用卷积神经网络来提取节点特征。卷积操作通过 $\boldsymbol{V} \in \boldsymbol{R}^{m \times n}$ 和 $\boldsymbol{W} \in \boldsymbol{R}^{m \times n}$ 被定义为

$$\boldsymbol{V} \otimes \boldsymbol{W} = \sum_{i=1}^{m} \sum_{j=1}^{n} \boldsymbol{v}_{ij} \boldsymbol{w}_{ij} \tag{8-4}$$

对于句子 $\boldsymbol{x}$，模型使用卷积核 $\boldsymbol{W}_q$ 去抽取句子局部特征。窗口大小为 $u$ 的卷积核扫描句子表示后，得到隐层向量 $\boldsymbol{c}_q$：

$$\boldsymbol{c}_q = f([\boldsymbol{v}_j, \boldsymbol{v}_{j+1}, \cdots, \boldsymbol{v}_{j+u-1}] \otimes \boldsymbol{W}_q + \boldsymbol{b}_q) \tag{8-5}$$

其中：$\boldsymbol{b}_q \in \boldsymbol{R}$ 为偏置向量；$f()$ 为非线性函数。然后对这些隐层向量进行最大池化操作，得到最终的句子向量化表示 $\boldsymbol{x}$。

$$[\boldsymbol{x}]_i = \max\{[\boldsymbol{c}_1]_i, [\boldsymbol{c}_2]_i, \cdots, [\boldsymbol{c}_n]_i\} \tag{8-6}$$

为了简化符号定义，便于模型理解，将词嵌入运算、卷积运算和池化运算表示为公式(8-7)的形式。

$$\boldsymbol{x} = c(\boldsymbol{x}) \tag{8-7}$$

句子节点的向量化表示、头实体节点的向量化表示和尾实体节点的向量化表示见公式(8-8)。

$$\boldsymbol{x} = c(\boldsymbol{x}), \boldsymbol{h} = c(\boldsymbol{h}), \boldsymbol{t} = c(\boldsymbol{t}) \tag{8-8}$$

### 8.2.3　异构图神经网络中的节点

图神经网络是一种连接主义模型，可以表示任意深度的节点邻域状态[161]。图神经网络可以通过节点之间的消息传递捕捉图中的依赖关系[162]。图是一种包含对象（节点）及其关系（边）的数据结构。图神经网络可以提取全局结构化信息，对于具有丰富关系结构的关系抽取任务来说是十分必要的。本节将关系抽取任务转化成异构图神经网络，从而使模型能够从两种类型的节点之间提取更为丰富的关系信息。在异构图神经网络 $G = (V, E)$ 中，$V$ 和 $E$ 分别代表节点集合和边集合。图8.1为异构图神经网络的可视化展示，图的左侧大圆形和小圆形分别代表句子节点和实体节点。节点经过词嵌入层后，句子节点和实体节点在异构图中分别表示为矩形和椭圆。不同的颜色代表不同的句子类别，例如图中 $S^1$(P177)代表在 FewRel 数据集中关系类别编码为 P177 的句子。

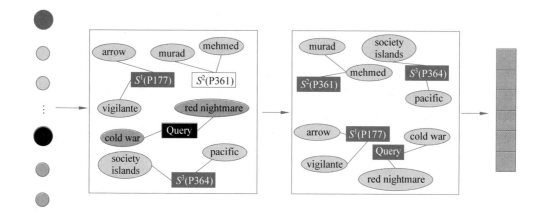

$V$（节点）　　　　　异构图网络　　　　　　　　　节点表示　　　　　置信度

图 8.1　异构图神经网络图

节点集合 $V$ 包含 $n^v$ 个节点，矩阵 $\boldsymbol{N} \in \boldsymbol{R}^{n^v \times m}$ 包含 $n^v$ 个节点的特征向量表示，$m$ 为特征表示的维度，节点向量表示 $\boldsymbol{n} \in \boldsymbol{R}^m$ 被定义为公式(8-9)。

$$\boldsymbol{n} = \begin{cases} \boldsymbol{x} = \boldsymbol{c}(\boldsymbol{x}), & \boldsymbol{x} \text{ 是句子} \\ \boldsymbol{h} = \boldsymbol{c}(\boldsymbol{h}), & \boldsymbol{h} \text{ 是头实体} \\ \boldsymbol{t} = \boldsymbol{c}(\boldsymbol{t}), & \boldsymbol{t} \text{ 是尾实体} \end{cases} \tag{8-9}$$

在小样本学习中，支持集合 $S$ 和查询集合 $Q$ 共同构建了节点集合。对于支持集中的实例，节点表示由 one-hot 编码和词嵌入表示共同组成。对于查询集中的实例，模型将 one-hot 编码修改为 0 向量，词嵌入表示部分保持不变。公式为

$$\boldsymbol{n} = \begin{cases} (f(\boldsymbol{n}), l(\boldsymbol{n})), & \boldsymbol{n} \in S \\ (f(\boldsymbol{n}), 0), & \boldsymbol{n} \in Q \end{cases} \tag{8-10}$$

式中：$f()$ 代表非线性函数；$l$ 代表对标签的 one-hot 编码。

### 8.2.4　异构图神经网络中的边

在异构图网络中，每条边都有自己独特的含义，代表两个节点之间的依赖关系。不同含义的信息可以通过不同类型的边传递，这些边可以帮助异构图网络构建具有关系结构化的信息表示。在本节提出的模型中，根据实体是否出现在句子中构建句子—实体边，根据实体是否出现在同一实体对中构建实体—实体边。节点 $i$ 与节点 $j$ 之间的原始边权重定义为

$$\boldsymbol{A}_{ij}^{*} = \begin{cases} 1, & i \ \text{为句子}, j \ \text{为实体} \\ 1, & i \ \text{和} \ j \ \text{都为实体} \\ 1, & i = j \\ 0, & \text{其他情况} \end{cases} \tag{8-11}$$

式中：$\boldsymbol{A}^{*}$ 是异构图 $G$ 的邻接矩阵，它蕴含着图中不同节点之间丰富的邻域信息，能够表达节点之间的依赖关系。$\boldsymbol{D}$ 为 $\boldsymbol{A}^{*}$ 的程度矩阵。公式为

$$\boldsymbol{D} = \sum_{j} \boldsymbol{A}_{ij}^{*} \tag{8-12}$$

由于节点的自身连接，$\boldsymbol{A}^{*}$ 的对角线元素都设置为 1。$\boldsymbol{A}^{\sim}$ 为标准化矩阵。公式为

$$\boldsymbol{A}^{\sim} = \boldsymbol{D}^{-\frac{1}{2}} \boldsymbol{A}^{*} \boldsymbol{D}^{\frac{1}{2}} \tag{8-13}$$

随着信息在异构图网络的不同深度中传播，边矩阵也会随之动态地改变。异构图网络中第 $l$ 层的边矩阵可以从当前层的隐状态表示学习中获得。公式为

$$\boldsymbol{A}_{ij}^{(l)} = \text{MLP}(\text{abs}(\boldsymbol{n}_{i}^{(l)} - \boldsymbol{n}_{j}^{(l)})) \tag{8-14}$$

本节使用多层感知机去计算两个节点之间的绝对误差。简单地说，使用这种距离度量体系是为了体现两个节点之间的绝对化差异，那么 $\boldsymbol{A}_{ij} = 0$ 就变得合乎情理了。最后，将可训练的邻接矩阵和具有先验知识的邻接矩阵组合到一起得到 $\boldsymbol{B} = \{\boldsymbol{A}^{*}, \boldsymbol{A}\}$。

### 8.2.5 异构图神经神经网络中的状态表示

异构图神经网络的目标是学习包含节点信息和邻域信息的图状态表示。在异构图神经网络中，图每一层的隐状态都是通过其邻域矩阵和上一层隐状态加权求和得到的。异构图神经网络 $\boldsymbol{G}()$ 接收到 $l$ 层的隐状态表示 $\boldsymbol{L}^{(l)}$，通过图网络中的消息传播算法后，输出 $\boldsymbol{L}^{(l+1)}$。公式为

$$\boldsymbol{L}^{(l+1)} = \boldsymbol{G}(\boldsymbol{L}^{(l)}) = \rho(\boldsymbol{B}^{(l)} \boldsymbol{L}^{(l)} \boldsymbol{W}^{(l)}) \tag{8-15}$$

其中：$\boldsymbol{B}$ 为异构图网络的邻域矩阵；$\boldsymbol{W}$ 为其权重矩阵；$\rho()$ 为网络的激活函数，例如 ReLU。并且，异构图神经网络的第一层输入为原始节点向量表示，即 $\boldsymbol{L}^{(0)} = \boldsymbol{N}$。

本节提出的模型使用一个包含两层网络的异构图模型来提取节点之间的关系信息，两层消息传递机制使得信息可以在图中任意两个节点之间进行交互。这意味着该模型可以从异构图神经网络中的任意两节点之间提取信息，促进了两种类型节点之间的信息交流。在异构图神经网络的第二层中，模型将节点状态表示输入到 Softmax 算法中去计算节点的标签类型。

$$\boldsymbol{O} = \frac{\exp(\boldsymbol{L}^{(2)})}{\sum_{k} \exp(\boldsymbol{L}^{(2)})} \tag{8-16}$$

模型预测出的句子节点标签表示对实例的预测关系类型，参与模型准确率的计算。

模型预测出的实体节点类型标签表示实体和该类别的关系最为密切,但是实体类型标签并不参与模型准确率计算。模型的损失函数定义为:所有查询实例真实标签和预测标签的交叉熵误差。公式为

$$L = -\sum_{q=1}^{|Q|} \ln \boldsymbol{O}_Q \tag{8-17}$$

式中:$|Q|$ 代表查询实例的个数。在每个实验批次下,对该批次的所有查询实例的交叉熵损失进行汇总求和,再通过随机梯度下降算法对实验参数进行反向梯度更新,直至完成模型训练。

## 8.3 异构图神经网络中的对抗训练

本节提出的关系抽取模型是基于小样本学习理论的,所以训练批次中的实例数量往往是非常小的,当一个实例发生错误或与其他实例偏差较大时,在训练过程中可能会造成巨大的偏差。为了避免个别错误实例对模型造成较大的影响,本节在异构图神经网络训练过程中引入了对抗训练来缓解这一问题。对抗训练是一种正则化的监督学习算法,通过在模型的原始输入上加入小而持久的连续扰动来显著增加模型的损失函数。对抗训练旨在训练一个能够对原始实例和对抗性实例进行正确分类的模型。对抗训练不仅能够增加模型的鲁棒性,而且能够提高模型的泛化能力。通过对原始词嵌入 $\boldsymbol{v}$ 增加一个小而持久的扰动 $\boldsymbol{\beta}$,来对数据添加噪声影响。最终的目标函数定义为公式(8-18)。

$$\boldsymbol{\beta}_{\mathrm{adv}} = \arg\max L(\boldsymbol{v} + \boldsymbol{\beta}; \theta)$$
$$\|\boldsymbol{\beta}\| < \varepsilon \tag{8-18}$$

其中:$\theta$ 代表对当前模型所有参数的复制。公式(8-18)对于神经网络来说是十分难以训练的,因此对公式(8-18)进行简化。公式为

$$\boldsymbol{\beta}_{\mathrm{adv}} = \frac{\varepsilon \boldsymbol{g}}{\|\boldsymbol{g}\|}, \boldsymbol{g} = \nabla_{\boldsymbol{v}} \boldsymbol{L}(\boldsymbol{v}; \theta) \tag{8-19}$$

式中:$\varepsilon$ 代表扰动系数,在实验中是一个超参数,可以通过网格搜索寻找最优值。

## 8.4 实验与分析

在本节中,将展示所提出的异构图神经网络在有噪声数据和干净数据的情况下,在小样本关系分类数据集上取得的实验结果。首先,本节将介绍小样本关系分类数据集和模型评估指标。其次,本节给出模型的详细实验设置。最后,本节将提出模型的实验结果和当下最为先进的几种方法进行分析比较。

### 8.4.1 数据集和评估指标

本节将提出的异构图神经网络应用于小样本关系分类数据集。近年来,基于小样本学习的深度学习模型层出不穷,但这些工作大多集中在图像分类领域。在自然语言处理领域中,基于小样本学习的研究工作还十分缺乏。令人振奋的是,Han 等[18]在关系分类领域提出了一个大规模的小样本学习数据集(FewRel),这对于关系抽取在小样本学习方向的发展有重要意义。根据当前的调研,FewRel 数据集是目前唯一用于小样本学习的关系分类数据集。FewRel 数据来源于维基百科语料,其中包含 100 个关系类别,每个类别包含 700 个句子实例。该数据集首先通过远程监督方法从维基百科语料库中生成,然后通过网络"众包"的方式进行人工过滤,是目前规模和质量最高的小样本学习关系分类数据集。将公开的 80 个关系类别划分为训练集(48 个类别)、验证集(12 个类别)和测试集(20 个类别),3 个集合中没有重叠的类别。

为了进一步证明本节提出异构图神经网络的鲁棒性,在含有噪声的数据集中评估模型性能。实验中采用 3 种比例的随机噪声设置:0%噪声数据、10%噪声数据和 30%噪声数据。在带噪声数据的实验评估中,支持集合中的每个实例都有一定的可能性与真实标签不同,其中概率为 0%、10%和 30%。

### 8.4.2 实验设置

本节在训练集上训练所有模型,在验证集上记录最好的模型参数并保存,在测试集上得出真实的实验结果。在验证集上通过网络搜索优化模型的所有参数。在表 8.1 中,详细展示了实验中使用的所有参数。其中,卷积神经网络的卷积核窗口大小为 3,卷积核个数为 230,词嵌入维度为 50,位置嵌入维度为 5,对抗训练扰动系数为 0.1,Dropout 概率为 0.5,学习率为 0.0005,异构图神经网络的层数为 2,训练批次为 2。训练批次是随机地从训练集中选择一个关系子集来构建的,在每个被选择的关系集合中随机地选择一个实例子集来构建支持集合,然后在剩余的实例中再选择一个实例子集来作为查询集合。本节所有实验都是基于 $k$-类别 $c$-实例的设置,每个训练批次都包含 $k$ 个类别,每个类别中都含有 1 个查询实例。例如,在 $k$-类别 $c$-实例的实验设置中,有 $k \cdot c + k = k \cdot (c+1)$ 个实例用于训练。对于支持实例和查询实例,本节使用相同的编码器对其进行向量化。为了保证所有方法都在公平的条件下进行评估,在 $k$-类别 $c$-实例的实验设置中,采用相同的类别数目用于训练和测试。本节采用随机梯度下降算法对模型进行优化,初始学习率设置为 0.0005,并且每迭代 20 000 步学习率下降为原来的 1/10。

表 8.1　参数设置

| 超　参　数 | 数　值 |
| --- | --- |
| 卷积核窗口大小 | 3 |
| 词嵌入维度 | 50 |
| 位置嵌入维度 | 5 |
| 卷积核个数 | 230 |
| 扰动系数 | 0.1 |
| Dropout 概率 | 0.5 |
| 学习率 | 0.0005 |
| 异构图神经网络层数 | 2 |
| 训练批次 | 2 |

### 8.4.3　异构图神经网络的有效性

为了科学严谨地证明本节提出的异构图神经网络的有效性,与当下最先进的几种小样本学习基线方法进行对比分析。

Meta Network:一种新颖的元学习方法,该方法旨在学习两个类型的权重——快速权重值和慢权重值[163]。

SNAIL:一种通用的元学习方法,该模型结合时序卷积神经网络(temporal convolution)和"软注意力"(Soft Attention)机制来提取数据特征[55]。

ProNet:一种基于小样本学习的原形网络模型,该模型假设数据的每个类别存在一个类原形中心,通过计算样本数据和类原型中心的距离,来对实例进行分类[54]。

GNN:一种基于图神经网络的小样本学习模型,该模型将每个支持实例和查询实例都作为图中的一个节点[160]。

从表 8.2 中可以得出以下几个结论:①在 4 种不同的小样本学习实验设置下,异构图神经网络(HGNN)的实验结果都优于图神经网络(GNN);这表明异构图神经网络中句子节点和实体节点丰富了图的邻域状态,比仅将句子作为节点的图神经网络能表示更多的信息;在异构图神经网络中,句子节点的标签信息可以通过边传递给相邻的实体节点,使得模型能够捕获到实体节点和关系类型之间的依赖关系;此外,实体节点与关系类型之间存在着一种天然的相关性,实体节点可以充当句子节点与关系类型之间交互的桥梁;实验结果表明,异构图神经网络比图神经网络更适合于具有丰富关系类型的数据。②异构图神经网络的实验效果高于当下最健壮的原形网络模型,证实了异构图神经网络在小样本学习关系分类上的有效性。③与当下最先进的 Meta Network、SNAIL、ProNet 和 GNN 模型相比,异构图神经网络模型在 4 种实验设置下的性能都是最高的;这表明,异构图神经网络算法适用于小样本学习关系抽取任务。④与异构图神经网络的实验结果相比,引入对抗学习的异构图神经网络取得了更高的实验性能。通过观察实验发现,随着在训练过程中引入对抗学习技术,模型的过拟合现象显著减少;这一现象表明,在训练过程中引入对抗学习算法可以有效降低网络对过拟合的敏感性。

表 8.2 模型在 FewRel 数据集上的准确率(%)

| 模型名称 | 5 类 1 实例 | 5 类 5 实例 | 10 类 1 实例 | 10 类 5 实例 |
| --- | --- | --- | --- | --- |
| Meta Network | 58.62±0.81 | 70.37±0.32 | 41.57±0.22 | 55.07±0.10 |
| GNN | 67.73±0.53 | 80.94±0.50 | 54.48±0.36 | 71.26±0.11 |
| SNAIL | 65.98±0.18 | 78.13±0.05 | 56.05±0.13 | 61.98±0.35 |
| ProNet | 71.01±0.30 | 83.85±0.07 | 57.88±0.13 | 73.13±0.11 |
| HGNN | 72.06±0.69 | 84.60±0.13 | 58.41±0.34 | 73.30±0.12 |
| HGNN+AT | 73.83±0.54 | 87.12±0.49 | 62.15±0.12 | 74.23±0.48 |

### 8.4.4 异构图神经网络对噪声数据的鲁棒性

表 8.3 展示了图神经网络和异构图神经网络在不同实验设置下模型的实验结果。通过对比发现,在 3 种不同的噪声比例下,异构图神经网络比图神经网络都有不小的提升。这充分论证了异构图神经网络的有效性和健壮性。并且,随着噪声比例的提高,异构图神经网络的优势也变得更加明显。随着在实验中引入对抗训练,GNN+AT 和 HGNN+AT 在 3 种噪声比例的所有实验设置下显著优于不加入对抗训练的模型,这说明了对抗训练对于小样本学习关系抽取任务是有所增益的。对抗训练可以降低异构图神经网络对噪声数据的高敏感性。通过对实验的观察不难发现,随着在训练过程中噪声比例的提高,模型的收敛速度明显会减慢。

表 8.3 模型在带噪声 FewRel 数据集上的准确率(%)

| 噪声比例 | 模型名称 | 5 类 1 实例 | 5 类 5 实例 | 10 类 1 实例 | 10 类 5 实例 |
| --- | --- | --- | --- | --- |
| 0% | GNN | 67.73±0.53 | 80.94±0.50 | 54.48±0.36 | 71.26±0.11 |
| | GNN+AT | 72.31±0.34 | 83.35±0.19 | 57.99±0.84 | 70.61±0.34 |
| | HGNN | 72.06±0.69 | 84.60±0.13 | 58.41±0.34 | 73.30±0.12 |
| | HGNN+AT | 73.83±0.54 | 87.12±0.49 | 62.15±0.12 | 74.23±0.48 |

续表

| 噪声比例 | 模型名称 | 5 类 1 实例 | 5 类 5 实例 | 10 类 1 实例 | 10 类 5 实例 |
|---|---|---|---|---|---|
| | GNN | 61.40±0.87 | 77.90±0.48 | 45.95±0.19 | 53.06±0.73 |
| | GNN+AT | 65.85±0.85 | 82.02±0.55 | 55.02±0.72 | 63.55±0.42 |
| 10% | HGNN | 65.47±0.41 | 82.39±0.76 | 55.28±0.79 | 65.61±0.52 |
| | HGNN+AT | 68.05±0.85 | 85.56±0.28 | 57.66±0.27 | 71.25±0.17 |
| | GNN | 53.95±0.78 | 73.86±0.34 | 40.15±0.76 | 47.36±0.43 |
| | GNN+AT | 56.78±0.66 | 80.11±0.17 | 43.34±0.54 | 56.66±0.58 |
| 30% | HGNN | 57.59±0.64 | 79.45±0.33 | 44.73±0.43 | 56.61±0.29 |
| | HGNN+AT | 58.97±0.24 | 81.88±0.35 | 46.58±0.84 | 58.81±0.43 |

## 8.4.5　节点可视化表示

图 8.2 展示了在异构图神经网络不同阶段句子向量的可视化。为了更加清晰明了地展示句子向量表示的变化,从测试集中随机选取一个训练批次的句子用于可视化展示。

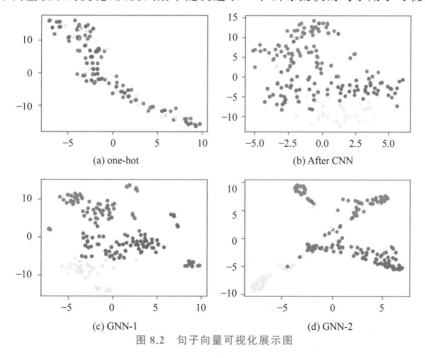

图 8.2　句子向量可视化展示图

从图中可以看出,异构图神经网络可以逐渐学习到更多的句子特征,并且深一层的句子嵌入比前一层句子嵌入更容易区分。即使在可视化展示中句子向量发生了微小的变化,异构图神经网络也能够将属于同一种关系的句子紧密地聚到一起。

图 8.3 展示了在异构图神经网络的输出层后,实体向量的可视化展示。实体节点通过异构图神经网络计算节点标签的置信度,并将置信度中值最大的维度设置为实体的标签。该标签从某种意义上讲,代表该实体与哪种关系类型最为相近。从图 8.3 中可以看出,具有相同预测标签的实体节点大多聚集在一起,这意味着这些实体大多与该关系联系较为紧密。换句话说,由于实体和某些关系存在着天然的联系,实体可以充当句子和关系之间的桥梁,促进句子和类别标签之间的互动。

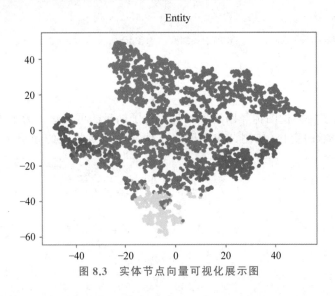

图 8.3　实体节点向量可视化展示图

### 8.4.6　案例分析

关系分类任务的目的是识别出句子中给定的两个实体之间的关系。仅依赖词嵌入技术来捕获句子的结构化信息是不大可能的。关系分类任务需要模型在编码的过程中突出两个实体的地位,先前的工作大多是通过相对位置嵌入来解决这一问题。在本节实验中,将实体节点作为一种额外的节点类型引入模型训练中。不但突出了实体的重要程度,而且丰富了图神经网络的节点类型和邻域信息。

为了证明实体节点有益于图神经网络中的信息传递,本节还进行了消融实验来验证不同类型节点对模型的贡献。如表 8.4 所示,头实体和尾实体对模型性能的提升都有所增益。在 5 类别 $c$ 实例设置中,完整的 HGNN 的性能优于 HGNN-head(仅包含句子节点和头实体节点)和 HGNN-tail(仅包含句子节点和尾实体节点)。表 8.5 中的实体来自于 FewRel 数据集,其中括号中的单词分别代表句子中的头实体和尾实体。在异构图神经网络中,实体作为图中的附加节点,帮助图中节点的信息交互。而在图神经网络中,只有句子作为节点,节点之间的信息交互受到限制。表 8.5 中展示了 5 个例子,图神经网络对其进行错误的分类,然而异构图神经网络能够正确地分类出这 5 个样例。在这 5 个例子中,实体都是由多个单词组成的,这表明在图神经网络中引入实体节点可以帮助其表达更为丰富的信息,促进句子节点和标签信息之间的交互。

表 8.4　消融实验(%)

| 模 型 名 称 | 5 类 1 实例 | 5 类 5 实例 |
| --- | --- | --- |
| GNN | 67.73±0.53 | 80.94±0.50 |
| HGNN-head | 68.10±0.61 | 82.01±0.19 |
| HGNN-tail | 71.51±0.64 | 83.25±0.38 |
| HGNN | 72.06±0.69 | 84.60±0.13 |

表 8.5　案例分析

| 实　　例 | GNN | HGNN |
| --- | --- | --- |
| 因此,福尔茨的军事生涯与他哥哥、后来的(赫尔曼·福尔茨)(将军)走上了同样的道路。 | 错误 | 正确 |
| 他还出演了电影(《最后的逃亡》),在这部电影中,他扮演了(第二次世界大战)期间在巴伐利亚州的一名英国间谍。 | 错误 | 正确 |
| 墨西哥拳击手安东尼奥·奥罗斯科是克劳福德的强制性挑战者之一,也是 2008 年奥运会(轻量级)次中量级金牌得主(菲利克斯·迪亚兹),他一直在叫克劳福德的名字。 | 错误 | 正确 |
| (《幻想之地》)第一集是美国动画电视剧《南方公园》(第 11 季第 10 集),也是第 163 集。 | 错误 | 正确 |
| 汤姆森在 1907 年至 1909 年间担任新西兰(皇家学会会长),之前是(詹姆斯·赫克托),之后是奥古斯都汉密尔顿。 | 错误 | 正确 |

## 8.5　不足与展望

虽然本章提出的异构图神经网络在小样本关系抽取数据集上取得了与同期相比较为先进的实验结果,但是还是存在着一些不足,本节基于这些缺点对未来进行展望。首先,本节提出的异构图神经网络是基于句子节点和实体节点的,节点之间的边关系通过先验定义和动态计算的方式获得,能够在一定程度上表达节点间存在的联系,但是边的定义是无向的,未来可以构建能够表达更为丰富信息的有向图来改进模型。其次,目前基于图神经网络的模型计算效率有待提高,通常计算量级为几十条句子的模型就需要一片内存为12GB 的 GPU 支持,未来可以应用更多的优化算法对其时间和空间效率做进一步的提升。最后,基于小样本学习的关系抽取方法还是以单句子双实体为单位构建的,难以无损扩展至实际应用,未来应当对基于多实体多关系的文档级别的关系抽取方法进行更多研究。

## 8.6　本章小结

本章提出了一种新颖的异构图神经网络,适用于基于小样本学习的关系分类任务。模型基于句子节点和实体节点建立异构图神经网络,将关系分类任务转化为节点分类任务。句子节点可以将标签信息传递给相邻的实体节点,实体节点可以充当句子节点和标签信息之间交互的桥梁。异构图神经网络可以从两种类型的节点之间捕捉到丰富的邻域信息。此外,为了减少小样本学习对过拟合和噪声数据的高敏感性,模型在训练过程中引入对抗学习技术来提升鲁棒性。在模型评估的过程中,异构图神经网络在几种随机噪声比例的设置中都取得了同期较为先进的实验结果,科学严谨地证明了本章提出模型的有效性。

# 第9章 文档级别的关系抽取方法

## 9.1 概　述

有监督关系抽取方法、远程监督关系抽取方法和小样本学习关系抽取方法近年来发展迅猛,为智能问答和对话系统等下游 NLP 任务提供了高质量的底层知识支持[164]。但随着研究的深入,目前性能较好的模型都是基于句子级别的单一实体对的关系抽取,这并不能满足实际工业应用的需求。因此,基于多实体多关系的关系抽取模型受到了越来越多的关注。Quirk 等[165]和 Peng 等[166]基于远程监督方法自动生成了两个文档级别的关系抽取数据集,但由于第 3 章中提到的远程监督方法会带来错误标签问题,使得模型的评估不具有可靠性。为了加速文档级别关系抽取的研究,Yao 等[167]基于 Wikipedia 和 Wikidata 提出了一个文档级别的有监督关系抽取数据集(DocRED),该数据集具有以下 3 个特性:①DocRED 数据集同时标注了命名实体和关系类型标签,是当下已知的规模最大的人工标注数据集;②DocRED 中实体对之间的关系类型标签预测,需要模型从多个句子中结合文档上下文进行推理预测;③除了人工标注的有监督数据外,DocRED 数据集同时还提供了大规模的远程监督数据集用于弱监督关系预测场景。本节基于 DocRED 数据,提出基于共现信息和注意力机制的文档级别的实体关系抽取模型。

本节提出的方法能够结合单词共现信息和句子共现信息提取文档上下文,利用"注意力"机制[168,169]重点提取文档重要位置文本信息,结合文档中的上下文信息[170]进行句子间的预测推理,建立文档级别的多实体关系抽取模型。

## 9.2 文档的向量化表示

关系抽取任务的目的是从朴素文本中识别出实体之间的关系事实。近年来,句子级别的关系抽取模型取得了令人瞩目的成就。但是,句子级别的关系抽取模型在实际应用中存在着局限性,大量的关系事实是从多句话中联合表达的。以图 9.1 为例,文档级别的文本中提到了多个实体,并且展示了错综复杂的交互。为了确定关系事实＜Riddarhuset,country,

Sweden>,必须首先从文档中的第 4 句话中确定 Riddarhuset 位于 Stockholm 这个事实,然后从文档中第 1 句话中确定 Stockholm 是 Sweden 的首都,Sweden 是一个主权国家,最终结合这些已知实例去推断出 Riddarhuset 的主权国家是 Sweden。从上述例子中不难看出,文档级别的多实体关系抽取需要对多个句子进行阅读和推理,要远远的复杂于单一实体对的句子级别关系抽取。根据 Yao 等[167]的统计,在 DocRED 数据集中至少有 40.7%的关系事实只能从多个句子中提取。这意味着,利用单词在文档中的共现信息对于提升模型性能是至关重要的。

---

**Kungliga Hovkapellet**

[1] **Kungliga Hovkapellet**(**皇家宫廷乐队**)是一个**瑞典**的乐团,最初是**瑞典**首都**斯德哥尔摩皇家乐团**的一部分。[2] 乐团最初由音乐家和歌手组成。[3] 在**1727年**之前只有男性成员,当 **Sophia Schröder** 和 **Judith Fischer** 被聘为歌唱家时;1850年后,竖琴手 **Marie Pauline Ahman** 成为第一位女性乐器演奏家。[4] 自1731年后,**Stockholm**的**Riddarhuset**就开始承办公开音乐会。[5] 自1773年后,**瑞典**皇家歌剧院被瑞典三世国王所建立, **Kungliga Hovkapellet** 是歌剧公司的一部分。

---

**起始: Kungliga Hovkapellet; 皇家宫廷乐队**
**目标:瑞典皇家歌剧院**
**关系:一部分**
**支持证据:5**

---

**起始: Riddarhuset**
**目标:瑞典**
**关系:国家**
**支持证据:1,4**

图 9.1 文档级别关系抽取示意图

文档文本向量化旨在将自然语言转换为模型能够识别的数字化形式,同时为上层模型提供更多的信息特征,向量特征的质量好坏对模型的整体性能有很大影响。传统深度学习模型仅依赖词嵌入技术将自然文本转换为矩阵向量,本节提出的模型同时结合词嵌入技术和字符嵌入技术将自然文本向量化。给定一个包含 $n$ 个单词的文档 $D$,每个文档 $D=\{s_1,s_2,\cdots,s_k\}$ 包含 $k$ 个句子,每个句子 $s_i=\{x_1,x_2,\cdots,x_p\}$ 包含 $p$ 个单词,每个单词 $x_i=\{c_1,c_2,\cdots,c_q\}$ 包含 $q$ 个字符。如图 9.2 所示,在基于字符级别的词嵌入技术中,文档文本首先被随机初始化的字符嵌入矩阵转换为矩阵向量,其次通过长短时记忆网络得到包含上下文信息的特征向量,然后通过卷积神经网络抽取向量的局部特征,最后通过最大池化(max pooling)操作得到包含全局特征的文本向量表示。基于字符级别的文本特征抽取的完整过程见公式(9-1)。

$$c_i = \text{CNN}(\text{LSTM}(f(c_i^0, c_i^1, \cdots, c_i^n)))) \tag{9-1}$$

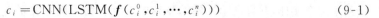

式中：LSTM()和CNN()分别代表长短时记忆网络和卷积神经网络；$f$()代表随机初始化的字符向量矩阵，$c_i^0$代表单词$c_i$中索引值为0的字符。

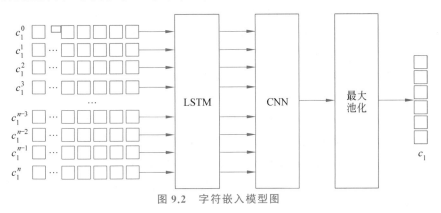

图 9.2　字符嵌入模型图

　　如图 9.3 所示，得到文档文本字符级别的向量化表示后，本节模型将字符级别的向量化表示加入单词级别的特征提取模块中去抽取信息。为了充分地提取文本的上下文信息，本节通过双向长短时记忆网络(BiLSTM)提取文本特征。公式为

$$x_i = \mathrm{BiLSTM}\big[f(x_i):c_i:r_{\mathrm{ner}}:r_{\mathrm{cor}}\big] \tag{9-2}$$

式中：函数[:]代表两个向量按照维度方向级联拼接；$f$()代表在预训练的 GloVe 向量矩阵中查找对应的词向量。本节提出的模型首先从文档中识别出命名实体(人名、地名、组织名、时间、数字、实体别名和其他共 7 种实体类型)$r_{\mathrm{ner}}$和单词共现信息 $r_{\mathrm{cor}}$(即标识出相同实体在文档中不同位置的出现)。如公式(9-2)，将单词词嵌入特征、单词字符嵌入特征、单词类型特征和单词共现特征融合在一起，然后通过双向长短时记忆网络进行特征提取，最后得到文档文本的向量化表示。

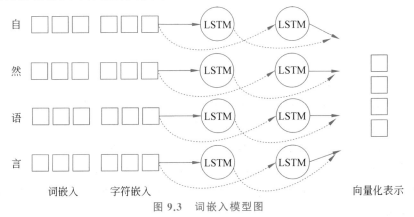

图 9.3　词嵌入模型图

为了获得高质量无损的共现信息,模型将相同实体在文档不同位置被提及到的地方聚集在一起,进行实体上下文特征的融合。对于包含 $n$ 个单词的一个文档 $D = \{w_i\}_i^n$,本节通过特征提取器将单词编码成隐层状态 $\{x_i\}_{i=1}^n$,然后计算实体向量表示,最后通过分类器预测每对实体之间的关系。在文档中包含一系列的实体 $V_s = \{v_1, v_2, \cdots, v_{|v_s|}\}$,其中每个实体 $v_i$ 可以包含一个或多个单词,本节的目的就是从实体对 $(v_i, v_j)$ 中识别关系 $r_v \in R$。为了提取文本的上下文信息,本节将词嵌入表示和位置嵌入表示拼接在一起。公式为

$$E(x_i^{i \cdot j}) = [x_i : p_i^{ij}] \tag{9-3}$$

式中:$x$ 代表蕴含上下文的词嵌入表示;$p$ 代表包含该实体对位置信息的向量化表示。本节首先将文档 $D$ 通过 GloVe 词嵌入技术转换为词向量矩阵,然后通过查询初始化位置矩阵将相对位置转换为位置嵌入。对于文档中标识出的命名实体 $m_k$,其可能是由多个单词组成的,该实体定义见公式(9-4)。

$$m_k = \frac{1}{t - s + 1} \sum_{j=s}^t h_j \tag{9-4}$$

其中:$t$ 和 $s$ 为实体的起始和终止索引。一个在文档中被 $k$ 次提及的实体被计算为 $m_k$ 的加权平均公式为

$$e_i = \frac{1}{k} \sum_k m_k \tag{9-5}$$

本节把关系抽取任务当作一个多标签分类问题,对于实体对 $(e_i, e_j)$,模型将词嵌入表示和位置嵌入表示拼接在一起。公式为

$$e_i = [e_i ; E(d_{ij})], e_j = [e_j ; E(d_{ji})] \tag{9-6}$$

式中:$d_{ij}$ 和 $d_{ji}$ 分别代表两个实体在文档中首次出现的索引位置,然后利用双线性函数来预测两个实体之间的类型标签。公式为

$$P(r \mid e_i, e_j) = \mathrm{sigmoid}(e_i^\mathsf{T} W_r e_j + b_r) \tag{9-7}$$

## 9.3 "注意力"机制在文档级别关系抽取中的应用

文档级别的关系抽取任务的目的依然还是抽取两个实体之间的关系,不同于句子级别关系抽取任务,其要抽取多个实体对之间的关系。相同实体可能在文档中的多个地方出现,这就导致了多个实体对的关系抽取需要合理的推理。实体对之间的关系预测需要结合文档的上下文,由于文档级别的关系抽取文本规模较大,如何抽取对该实体对有益的上下文信息,摒弃对该实体对无关的上下文信息,成为了文档级别的关系抽取模型需要解决的重要问题。

首先将文档文本标记为属于第一个实体 $e_1$，属于第二个实体 $e_2$，属于第 $n$ 个实体 $e_n$，或者是非实体的单词。本节使用 RNN 去抽取文档文本的特征，RNN 可以灵活地处理任意长度的文档输入，其隐藏层细胞状态个数 $n$ 可以随着文本长度的变化而变化。为了生成一个实体对表示，本节利用 LSTM 抽取文本特征。最后，通过实体对向量表示预测标签类型。公式为

$$\boldsymbol{f}_i = \boldsymbol{y}_i \times \boldsymbol{o}_s + \boldsymbol{b}_i \tag{9-8}$$

$$p(r \mid <e_1, e_2>, x) = \frac{\exp(\boldsymbol{f}_r)}{\sum_{i=1}^{n_r} \exp(\boldsymbol{f}_i)} \tag{9-9}$$

其中：$\boldsymbol{y}_i$ 为权重向量；$\boldsymbol{b}_i$ 为偏置向量。

为了预测目标实体对的关系类型，结合同一句话中的其他上下文关系也是十分有必要的。一些关系类型很可能是同时发生的，而一些实体对又只能存在一个关系。因此，除了目标实体对之外，还可以从文档中提取其他实体关系来辅助目标实体预测。文档中所有的实体对都是使用相同的特征提取器，这确保了目标关系表示和上下文关系表示是共同学习的。将文档中所有的其他实体向量化表示相加，得到上下文关系表示。公式为

$$\boldsymbol{o}_c = \sum_{i=0}^{m} \boldsymbol{o}_i \tag{9-10}$$

其中：$\boldsymbol{o}_i$ 代表文档中非目标实体对中的一个上下文实体对。将目标实体对表示和上下文实体对表示相结合。

$$\boldsymbol{o} = [\boldsymbol{o}_s, \boldsymbol{o}_c] \tag{9-11}$$

为了更加有针对性地利用文档中的上下文信息，本节对 $\boldsymbol{o}_i$ 的计算采用加权求和的方式。对于目标实体对更重要的上下文信息被赋予更大的权重，对于目标实体对影响较小的上下文信息被分配的权重较小。对应计算公式为

$$\boldsymbol{o}_c = \sum_{i=0}^{m} \alpha_i \boldsymbol{o}_i \tag{9-12}$$

其中：权重 $\alpha_i$ 的计算见公式（9-13）。

$$\alpha_i = \frac{\exp(g(\boldsymbol{o}_i, \boldsymbol{o}_s))}{\sum_{j=0}^{m} \exp(g(\boldsymbol{o}_i, \boldsymbol{o}_s))} \tag{9-13}$$

其中：函数 $g()$ 被用于计算上下文关系相对于目标关系的注意力得分。其计算公式为

$$g(\boldsymbol{o}_i, \boldsymbol{o}_s) = \boldsymbol{o}_i \boldsymbol{A} \boldsymbol{o}_s \tag{9-14}$$

## 9.4　实验与分析

### 9.4.1　数据集和评估指标

目前用于文档级别的关系抽取数据集只有规模较小的有监督数据集、来源于远程监督方法的带噪数据集,或者是只包含特定领域的垂直数据集。为了加速文档级别关系抽取的研究,Yao 等[167]提出了一个大规模、有监督、通用领域的文档级别关系抽取数据集。

从表 9.1 中可以看出,DocRED 数据集在包括文档数量、单词、句子、实体等方面都是现存规模最大的文档级别关系抽取数据集。尤其是在关系类型、关系实例和关系事实 3 方面,这将进一步地推动文档级别的多实体关系抽取的发展。在数据集中实体类型方法,DocRED 包含多种实体类型,包括人名(18.5%)、地名(30.9%)、组织名(14.4%)、时间(15.8%)、数字(5.1%)和其他实体类型(15.2%)等。在关系类别标签方法,DocRED 包含来自于维基百科的 96 种日常关系类型,特别是关系类型涉及相当多的领域,其中包括与科学相关的关系类型(33.3%)、与艺术相关的关系类型(11.5%)、与时间相关的关系类型(8.3%)、与个人生活相关的关系类型(4.2%)等,这意味着 DocRED 数据集具有很高的领域通用性,不受特定领域知识的约束。另外,在数据集标注时关系类型以良好的层次化结构定义,这可以支持模型更好地利用和评估该数据集。

表 9.1　文档级别关系抽取数据对比

| 数　据　集 | 文档数 | 单词数 | 句子数 | 实体数 | 关系数 | 实例数 |
|---|---|---|---|---|---|---|
| SemEval-2010 Task 8 | — | 205 000 | 10 717 | 21 434 | 9 | 8383 |
| ACE 2003-2004 | — | 297 000 | 12 783 | 46 108 | 24 | 16 536 |
| TACRED | — | 1 823 000 | 53 791 | 152 527 | 41 | 5976 |
| FewRel | — | 1 397 000 | 56 109 | 72 124 | 100 | 55 803 |
| BC5CDR | 1500 | 282 000 | 11 089 | 29 271 | 1 | 2434 |
| DocRED（Human-annotated） | 5053 | 1 002 000 | 40 276 | 132 375 | 96 | 56 354 |
| DocRED（Distantly Supervised） | 101 873 | 21 368 000 | 828 115 | 2 558 350 | 96 | 881 298 |

文档级别关系抽取区别于句子级别关系抽取的一大特性是,文档级别关系抽取模型需要具有推理能力。从 DocRED 数据集的验证子集和测试子集中随机抽取 300 个文档,并分析总结这些关系所需要的推理类型。从 Yao 等[167]对这些文档实例的分析中发现:①在随机抽取的 300 个文档中约有 61.1%的关系实例需要进行推理识别,通过传统的句

子级别的抽取方式只能正确抽取约 38.9% 的关系实例,这表明推理对于文档级别的多实体关系抽取是必不可少的;②在需要推理解决的关系实例中,约 26.6% 的实例需要逻辑推理,其中两个实体之间的关系需要由另一个实体传递,逻辑推理需求模型能对多个实体之间的交互进行建模;③在需要推理解决的关系实例中,约 17.6% 的实例需要共指推理(coreference reasoning),共指推理首先要在丰富的文本数据中识别出目标实体,汇总信息后再进行推理;④在需要推理解决的关系实例中,约 16.6% 的实例需要常识推理,即需要将文档中的关系事实与常识相结合才能完成关系识别。总之,在文档级别的关系抽取中,模型需要有强大的推理机制来综合文档中的所有信息。

在 DocRED 数据集的性能评估中,使用两个国际标准化评价指标 F1-score 值和AUC 值来对实验进行评测。为了避免在验证集和训练集中都存在的关系实例对模型评估带来的偏差,本节实验还在去除重复实例的情况下对模型进行评估。本节实验分别对整体 F1-score 值、整体 AUC 值、去重 F1-score 值和去重 AUC 值进行了展示并总结。

### 9.4.2　实验设置

在训练集上训练所有模型,在验证集上记录最好的模型参数并保存,在测试集上得出真实的实验结果。在验证集上通过网络搜索优化模型的所有参数。在表 9.2 中,详细展示了实验中使用的所有参数。其中,长短时记忆神经网络的隐藏单元个数为 128,卷积神经网络的卷积核窗口大小为 3,卷积核个数为 230,单词向量化表示的维度为 50,位置向量化表示的维度为 5,文档最大句子个数为 25,单词最大字符个数为 16,训练批次为 20。

表 9.2　参数设置

| 超　参　数 | 数　　值 |
| --- | --- |
| 卷积核窗口大小 | 3 |
| 单词向量化表示的维度 | 50 |
| 位置向量化表示的维度 | 5 |
| 卷积核个数 | 230 |
| 长短时记忆神经网络隐藏单元个数 | 128 |
| 文档最大句子个数 | 25 |
| 单词最大字符个数 | 16 |
| Dropout 概率 | 0.5 |
| 训练批次 | 20 |

### 9.4.3 "注意力"机制的有效性

为了科学严谨地评估本章提出模型的有效性,与当下最先进的文档级别基线方法进行横向对比分析,在 DocRED 数据集上评估如下基线方法。

CNN:一种利用卷积神经网络进行特征抽取的关系分类方法[45]。

LSTM:一种利用递归神经网络进行特征抽取的关系分类方法[13]。

BiLSTM:一种利用双向递归神经网络提取文本双向上下文信息的关系抽取方法[171]。

Context:一种利用 LSTM 提取文本特征,通过注意力机制结合文本上下文的关系抽取方法[172]。

表 9.3 和表 9.4 展示了本章提出的模型和当下几种较为先进的基线方法在有监督设置和远程监督设置两种情况下的实验结果对比。通过观察发现:①使用有监督数据作为训练数据集的模型性能要比使用远程监督数据集作为训练集的模型性能更好,这是因为,虽然远程监督数据集可以很容易地获得大规模有标注数据,但是错误标记数据可能会损害关系抽取模型的性能;②基线模型在远程监督数据上的表现和在有监督数据上的表现相当,但是在其他指标上的表现明显偏低,这表明训练集、验证集和测试集中重复的实例会对实验性能造成一定的偏差;③具有推理能力的模型能够充分地利用文档中的上下文信息,其实验结果明显优于几种基线方法,这表明在文档级别的关系抽取中,推理机制和利用上下文信息是提示模型性能的两大方向。

表 9.3　模型在有监督 DocRED 数据集上的实验性能(%)

| 模型 | IgnF1 (Dev) | Ign AUC (Dev) | F1-score (Dev) | AUC (Dev) | IgnF1 (Test) | Ign AUC (Test) | F1-score (Test) | AUC (Test) |
|---|---|---|---|---|---|---|---|---|
| CNN | 37.99 | 31.47 | 43.45 | 39.41 | 36.44 | 30.44 | 42.33 | 38.98 |
| LSTM | 44.41 | 39.78 | 50.66 | 49.48 | 43.60 | 39.02 | 50.12 | 49.31 |
| BiLSTM | 45.12 | 40.93 | 50.95 | 50.27 | 44.73 | 40.40 | 51.06 | 50.43 |
| Context | 44.84 | 40.42 | 51.10 | 50.20 | 43.93 | 39.30 | 50.64 | 49.70 |
| Our | 45.15 | 40.72 | 51.19 | 50.76 | 44.84 | 40.51 | 50.95 | 50.49 |

表 9.4　模型在远程监督 DocRED 数据集上的实验性能(%)

| 模型 | IgnF1 (Dev) | Ign AUC (Dev) | F1-score (Dev) | AUC (Dev) | IgnF1 (Test) | Ign AUC (Test) | F1-score (Test) | AUC (Test) |
|---|---|---|---|---|---|---|---|---|
| CNN | 26.35 | 14.18 | 42.75 | 38.01 | 25.40 | 13.46 | 42.02 | 36.86 |
| LSTM | 30.86 | 15.62 | 49.91 | 42.78 | 29.72 | 14.97 | 49.91 | 42.78 |

续表

| 模型 | IgnF1 （Dev） | Ign AUC （Dev） | F1-score （Dev） | AUC （Dev） | IgnF1 （Test） | Ign AUC （Test） | F1-score （Test） | AUC （Test） |
|---|---|---|---|---|---|---|---|---|
| BiLSTM | 32.05 | 16.50 | 51.72 | 44.42 | 29.96 | 15.50 | 49.82 | 42.90 |
| Context | 32.43 | 15.86 | 51.39 | 43.02 | 30.27 | 15.11 | 50.14 | 41.52 |
| Our | 32.56 | 15.96 | 51.75 | 43.85 | 30.45 | 15.43 | 50.64 | 42.86 |

## 9.5　不足与展望

　　本章提出的文档级别的多实体多关系方法虽然在国际标准数据集上取得了比同期较为优秀的实验结果,但是还是存在着一些缺点和不足,本节基于现存的缺点对未来进行合理展望。本章提出的基于多实体多关系的关系抽取方法虽然能够预测多个实体对之间的关系,但在实验过程中发现大多实体对之间不存在关系,只有少数的实体对之间存在关系,未来可以采用如"注意力"机制等方法摒弃这些空关系的实体对,这样模型的计算性能会大幅提升,节省更多的计算资源。

## 9.6　本章小结

　　本章提出了一种文档级别的多实体关系方法,该方法能够利用推理机制结合文档上下文信息,对实体对进行关系预测。该方法结合不同级别的共现信息进行特征抽取,然后利用注意力机制提取与目标实体对相关的上下文信息,最后利用图神经网络进行实体对之间的推理,从而对目标实体对进行关系预测。本章提出的模型在有监督和远程监督数据集上都取得了比同期较为优秀的实验结果,科学严谨地证明了本章提出的模型在文档级别关系抽取上的有效性。

# 第 10 章　基于表示迭代融合的实体和关系联合抽取

## 10.1　概　　述

实体和关系联合抽取是信息抽取的核心任务,它可以从非结构化文本中自动构造知识。这个任务的目的是识别文本中所有可能的实体关系三元组(主语、谓语、宾语),并需要处理句子中包含多个重叠实体关系三元组的场景。如图 10.1 所示,三元组在一个句子中共享一个或两个实体。

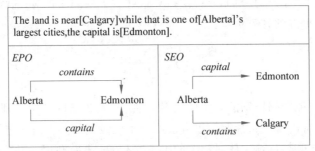

图 10.1　实体对重叠(entity pair overlap,EPO)和单实体
重叠(single entity overlap,SEO)的重叠实体

对于关系抽取任务,事实上实体之间的关系通常是由句子的上下文而不是目标实体触发的。例如,在图 10.1 中,"the capital is"将直接表达关系"capital"。因此,如果将关系信息作为先验知识引入,减少语义上不相关实体的抽取,减少了三元组的冗余抽取。所以,本章通过一种称为表示迭代融合的方法实现词表示和关系表示之间的相互增强。如图 10.2 所示,迭代融合的目的是使词表示和关系表示中包含与其相关的信息,增强其各自的表示能力,使表示更有利于关系抽取任务。

本章研究框架如图 10.3 所示,提出了一种基于表示迭代融合的实体和关系联合抽取方法(representation iterative fusion for relation extraction,RIFRE),将关系和单词建模为图上的节点,并通过消息传递机制对节点进行更新。该模型在节点更新后进行关系抽

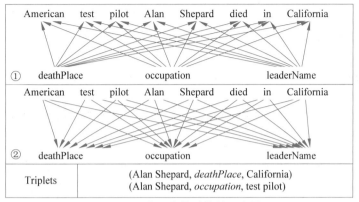

图 10.2 表示迭代融合的示意图

取。首先,使用主语标记器来检测单词节点上所有可能的主语实体。然后,将每个单词节点与候选主语和关系结合起来,使用宾语标记器在新单词节点上标记宾语实体。构建的异构图具有以下优点:①将关系视为节点,每个词节点整合特定的关系和主语信息,在标记主语后再标记宾语实体,便于处理重叠三元组;②不同的节点可以通过多个消息传递过程相互充分利用,在抽取实体之前,每个词融合可能与其关联的关系节点的语义信息,之后,标记器可以很容易地抽取出形成有效关系的实体。

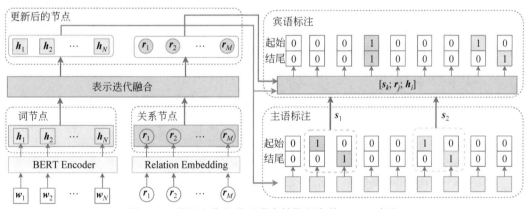

图 10.3 用于实体和关系联合抽取任务的 RIFRE 框架

# 10.2　任　务　定　义

在实体和关系联合抽取任务中,目标是识别句子中所有可能的三元组<主语 $s$ ,关系 $r$ ,宾语 $o$ >。在已有研究的基础上[66],本章直接设计了一个三元组层次的训练目标。

给定一个注释句子 $x$ 和存在于 $x$ 中的所有可能的实体关系三元组集合 $T=\{(s,r,o)\}$，定义实体和关系抽取任务为：最大化训练集中所有句子的数据似然，定义如公式(10-1)。

$$\prod_{(s,r,o)\in T} p((s,r,o)\mid x)=\prod_{s\in T} p(s\mid x)\prod_{(r,o)\in T\mid s} p((r,o)\mid x,s)$$
$$=\prod_{s\in T} p(s\mid x)\prod_{r\in T\mid s} p(o\mid x,s,r)\prod_{r\in R\backslash T\mid s} p(o_\varnothing\mid x,s,r)$$

$$(10\text{-}1)$$

其中：$s\in T$ 代表三元组 $T$ 中的主语；$T\mid s$ 是一个三元组的集合，这是在 $T$ 中只由 $s$ 作为主语的集合；$(r,o)\in T\mid s$ 是 $T\mid s$ 中的一个 $(r,o)$ 对；$R$ 是训练集中所有关系的集合；$R\backslash T\mid s$ 表示除由 $s$ 作为主语构成的三元组外的所有关系；$o_\varnothing$ 为空宾语，表示除三元组 $T\mid s$ 中所包含的关系外，其他所有关系在句子 $s$ 中都没有对应的宾语。

## 10.3 表示迭代融合方法

本节详细介绍基于异构图神经网络的表示迭代融合用于实体和关系联合抽取的总体框架。RIFRE 框架如图 10.3 所示，主要由 3 部分组成。

**1. 节点向量化**

给定一个句子和一个预定义的关系类型，然后通过将句子中的单词编码为向量，并将每个关系嵌入为向量来构造图神经网络模型的输入。

**2. 异构图神经网络层**

本节提出了一种异构图神经网络来迭代融合词节点和关系节点的表示。

**3. 实体关系抽取**

在得到词节点和关系节点的表示之后，将进行具体的关系抽取步骤。

### 10.3.1 节点向量化

本章所提出的异构图神经网络需要构造两种类型的语义节点：词节点和关系节点。

**1. 词节点**

给定训练集中的一个句子 $x$，本章使用预训练模型 BERT[20] 对上下文信息进行编码，然后取在 BERT 输出的最后一个隐藏层的所有词嵌入作为词节点。如公式(10-2)所示。

$$[h_1,h_2,\cdots,h_N]=B([w_1,w_2,\cdots,w_N]) \qquad (10\text{-}2)$$

其中：$w_i$ 为句子中词的独热向量；$N$ 为序列长度；$B$ 为预训练的语言模型 BERT；$h_i\in\mathbb{R}^{d_h}$

为 $w_i$ 经过上下文编码后的隐藏向量。$h_i$ 被视为初始的单词节点。

**2. 关系节点**

将每个预定义的关系标签嵌入为一个高维向量,嵌入后通过一个线性映射层,对应公式为

$$[r_1, r_2, \cdots, r_M] = W_r E([r_1, r_2, \cdots, r_M]) + b_r \tag{10-3}$$

其中: $M = |R|$ 为预定义关系个数; $r_i$ 为预定义关系中第 $i$ 个关系的独热编码向量, $r_i \in \mathbb{R}^{d_h}$ 为嵌入映射后的向量; $E$ 为关系嵌入矩阵; $W_r$ 和 $b_r$ 为可训练参数。使用 $r_i$ 作为初始的关系节点。

### 10.3.2　异构图神经网络层

给定两种类型的语义节点表示: $\{u_i\}_{i=1}^N$ 和 $\{v_j\}_{j=1}^M$,然后将一种类型的所有节点视为另一种类型节点的邻居。通过消息传递机制更新节点表示,类似于图注意力网络[173],公式为

$$a_{ij} = W_a[W_q u_i ; W_k v_j] \tag{10-4}$$

$$\alpha_{ij} = \frac{\exp(a_{ij})}{\sum\limits_{l \in N_i} \exp(a_{il})} \tag{10-5}$$

$$u_i' = u_i + \sum_{j \in N_i} \alpha_{ij} W_v v_j \tag{10-6}$$

其中: $[;]$ 表示两个向量的拼接表示; $W_a, W_q, W_k, W_v$ 为可训练权值; $\alpha_{ij}$ 为 $u_i \in \mathbb{R}^{d_h}$ 与 $v_j \in \mathbb{R}^{d_h}$ 之间的注意力权值。本节使用门控机制代替激活函数,可以保持每个维度的尺度和非线性能力,定义如下。

$$g_i = \text{Sigmoid}(W_g[u_i ; u_i']) \tag{10-7}$$

$$\tilde{u}_i = g_i \odot u_i' + (1 - g_i) \odot u_i \tag{10-8}$$

其中: $W_g$ 是可训练的权重; $g_i$ 是一个标量值; $\tilde{u}_i$ 是最终输出; $\odot$ 是哈达玛积(Hadamard product)。

为了简化,将公式(10-8)定义为

$$\tilde{u}_i = \text{GNN}(u_i, \{v_j\}_{j \in N_i}) \tag{10-9}$$

其中: $\{v_j\}_{j \in N_i}$ 是节点 $u_i$ 所有邻居的集合; $\tilde{u}_i \in \mathbb{R}^{d_h}$ 是输出的新节点表示; GNN 表示使用公式(10-4)~公式(10-8)更新节点 $u_i$ 的过程。

**表示迭代融合**

为了实现词节点和关系节点之间的语义融合,下面定义一个迭代的消息传递过程。

首先,使用所有的关系节点作为每个单词节点的邻居,通过 GNN 更新单词节点,公式为

$$\widetilde{\boldsymbol{h}}_i^1 = \mathbf{GNN}(\boldsymbol{h}_i^0, \{\boldsymbol{r}_j^0\}_{j \in N_i}) \tag{10-10}$$

其中:$\widetilde{\boldsymbol{h}}_i^1 \in \mathbb{R}^{d_h}$ 是初始词节点 $\boldsymbol{h}_i^0 \in \mathbb{R}^{d_h}$ 的更新表示。在此之后,添加一个残差连接,以避免梯度在训练过程中消失。更新后的节点的最终输出如下。

$$\boldsymbol{h}_i^1 = \widetilde{\boldsymbol{h}}_i^1 + \boldsymbol{h}_i^0 \tag{10-11}$$

当获得新单词节点的表示形式时,根据新的表示形式更新关系节点。每一层包含字节点更新和关系节点更新。第 $l$ 层的更新过程可以表示为

$$\widetilde{\boldsymbol{h}}_i^{l+1} = \mathbf{GNN}(\boldsymbol{h}_i^l, \{\boldsymbol{r}_j^l\}_{j \in N_i}) \tag{10-12}$$

$$\boldsymbol{h}_i^{l+1} = \widetilde{\boldsymbol{h}}_i^{l+1} + \boldsymbol{h}_i^l \tag{10-13}$$

$$\widetilde{\boldsymbol{r}}_j^{l+1} = \mathbf{GNN}(\boldsymbol{r}_j^l, \{\boldsymbol{h}_i^{l+1}\}_{i \in N_j}) \tag{10-14}$$

$$\boldsymbol{r}_j^{l+1} = \widetilde{\boldsymbol{r}}_j^{l+1} + \boldsymbol{r}_j^l \tag{10-15}$$

如图 10.4 所示,词节点对所有的关系信息进行聚合,利用更新后的词节点表示对关系节点进行更新,通过迭代更新使节点表示更适合具体任务。

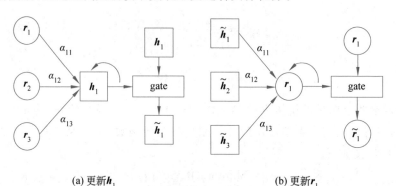

(a) 更新 $\boldsymbol{h}_1$        (b) 更新 $\boldsymbol{r}_1$

图 10.4　词节点和关系节点的详细更新过程

### 10.3.3　实体关系抽取

在得到词节点和关系节点的最终表示后,将其用于联合实体和关系抽取任务。在这里,本节简要介绍如何将表示迭代融合方法应用于关系分类任务。

#### 1. 实体和关系联合抽取任务

与之前的工作相似[66,174],如图 10.3 的右侧所示,首先,使用 Subject Tagger 来检测单词节点中所有可能的主语。具体来说,两个二进制分类器检测单词节点中主语实体的开始和结束位置。在形式上,主语的起始位置和结束位置标签的预测如下。

$$p_i^{\text{sta\_s}} = \text{Sigmoid}(\boldsymbol{W}_{\text{sta\_s}}\tanh(\boldsymbol{h}_i^o) + \boldsymbol{b}_{\text{sta\_s}}) \tag{10-16}$$

$$p_i^{\text{end\_s}} = \text{Sigmoid}(\boldsymbol{W}_{\text{end\_s}}\tanh(\boldsymbol{h}_i^o) + \boldsymbol{b}_{\text{end\_s}}) \tag{10-17}$$

其中: $\boldsymbol{h}_i^o \in \mathbb{R}^{d_h}$ 是异构的最后一层的输出图网络层; tanh 是双曲正切激活函数; $\boldsymbol{W}_{\text{sta\_s}}$、$\boldsymbol{b}_{\text{sta\_s}}$、$\boldsymbol{W}_{\text{end\_s}}$ 和 $\boldsymbol{b}_{\text{end\_s}}$ 是可训练的参数; $p_i^{\text{sta\_s}}$ 和 $p_i^{\text{end\_s}}$ 是第 $i$ 个词识别节点为一个主语实体的开始和结束位置的概率表示。主语标记器优化了下面的似然函数,以确定句子 $x$ 中主语 $s$ 的范围:

$$p_{\theta_s}(s \mid x) = \prod_{t \in \{\text{sta\_s, end\_s}\}} \prod_{i=1}^{N} (p_i^t)^{I\{y_i^t=1\}} (1-p_i^t)^{I\{y_i^t=0\}} \tag{10-18}$$

其中: $\theta_s$ 为主语标记器的参数; 如果 $z$ 为真, $I\{z\}=1$,否则为 0; $y_i^{\text{sta\_s}}$ 和 $y_i^{\text{end\_s}}$ 分别是 $x$ 中第 $i$ 个单词的主语开始位置和结束位置的二进制标记。

为了完全抽取三元组,宾语标记的输入与主语标记的输入节点表示不同。进一步将每个词节点、候选主体和每个关系节点结合起来,为下一步检测宾语做准备,具体公式为

$$\boldsymbol{h}_{ijk}' = \tanh(\boldsymbol{W}_h[\boldsymbol{s}_k\,; \boldsymbol{r}_j^o\,; \boldsymbol{h}_i^o] + \boldsymbol{b}_h) \tag{10-19}$$

其中: $\boldsymbol{h}_{ijk}' \in \mathbb{R}^{d_h}$ 是结合了关系和主语的词节点表示; $\boldsymbol{s}_k$ 是第 $k$ 个候选主语的表示向量; $\boldsymbol{r}_j^o$ 是图神经网络最后一层的关系节点输出; $\boldsymbol{W}_h$ 和 $\boldsymbol{b}_h$ 是可训练权值。类似地,预测宾语实体的开始和结束标签如下。

$$p_i^{\text{sta\_o}} = \text{Sigmoid}(\boldsymbol{W}_{\text{sta\_o}}\boldsymbol{h}_{ijk}' + \boldsymbol{b}_{\text{sta\_o}}) \tag{10-20}$$

$$p_i^{\text{end\_o}} = \text{Sigmoid}(\boldsymbol{W}_{\text{end\_o}}\boldsymbol{h}_{ijk}' + \boldsymbol{b}_{\text{end\_o}}) \tag{10-21}$$

其中: $\boldsymbol{W}_{\text{sta\_o}}$、$\boldsymbol{b}_{\text{sta\_o}}$、$\boldsymbol{W}_{\text{end\_o}}$ 和 $\boldsymbol{b}_{\text{end\_o}}$ 为可训练权值; $p_i^{\text{sta\_o}}$ 和 $p_i^{\text{end\_o}}$ 分别表示识别出第 $i$ 个单词节点作为宾语起始位置和结束位置的概率。宾语标记器优化了下面的似然函数,以在给定一个句子 $x$、一个主语 $s$ 和一个关系 $r$ 时所确定的宾语的范围:

$$p_{\theta_o}(o \mid x,s,r) = \prod_{t \in \{\text{sta\_o, end\_o}\}} \prod_{i=1}^{N} (p_i^t)^{I\{y_i^t=1\}} (1-p_i^t)^{I\{y_i^t=0\}} \tag{10-22}$$

其中: $\boldsymbol{\theta}_o$ 为宾语标记器的参数; $y_i^{\text{sta\_o}}$ 和 $y_i^{\text{end\_o}}$ 分别是 $x$ 中第 $i$ 个单词的宾语的开始位置和结束位置的二进制标记。对于空宾语 $o_\varnothing$,所有 $i$ 有 $y_i^{\text{sta\_o}\varnothing} = y_i^{\text{end\_o}\varnothing} = 0$。

根据公式(10-1),可以得到损失函数:

$$\begin{aligned}
\mathcal{L} &= \ln \prod_{(s,r,o) \in T} p((s,r,o) \mid x) \\
&= \sum_{s \in T_j} \ln p_{\theta_s}(s \mid x) + \sum_{r \in T_j \mid s} \ln p_{\theta_o}(o \mid x,s,r) + \sum_{r \in R \setminus T_j \mid s} \ln p_{\theta_o}(o_\varnothing \mid x,s,r)
\end{aligned} \tag{10-23}$$

为了训练模型,本章使用随机梯度下降(stochastic gradient descent, SGD)来最大化损失函数 $\mathcal{L}$。

**2. 关系分类任务**

本章提出的方法还可以用于关系分类任务。对于关系分类任务,给出一个带有标注

实体对$(s,o)$的句子$x$,其目标是识别$s$和$o$之间的关系。同样经过表示迭代融合,使用更新的单词节点和关系节点对关系进行分类。首先,使用每个实体开始和结束位置之间的平均向量作为实体表示,然后将关系节点的表示连接起来进行分类:

$$\boldsymbol{p}_j^r = \mathrm{Sigmoid}(\mathrm{MLP}([\boldsymbol{r}_j^o;\boldsymbol{s};\boldsymbol{o}])) \tag{10-24}$$

$$p_{\boldsymbol{\theta}_r}(r \mid x,s,o) = \prod_{j=1}^{M}(\boldsymbol{p}_j^r)^{I(y_j^r=1)}(1-\boldsymbol{p}_j^r)^{I(y_j^r=0)} \tag{10-25}$$

其中:$s$和$o$为实体对$(s,o)$的表示向量;MLP为多层感知器;$\boldsymbol{y}_j^r$为$R$中第$j$个关系的二进制标记;$\boldsymbol{\theta}_r$为关系选择器的参数。通过SGD最大化真类$r_j$的对数概率:$J=\ln p_{\boldsymbol{\theta}_r}(r \mid x,s,o)$进行模型训练。在预测阶段,将取所有关系预测概率值的最大值作为预测标签。

## 10.4　实验与分析

本节将说明本章所提出的方法在两个公共关系抽取数据集上的有效性。此外,为了说明表示迭代融合策略的潜力,本节还在关系分类数据集上进行了补充实验。模型的代码和数据在Github上已经开源。

### 10.4.1　数据集和评估指标

本节在两个公开的数据集NYT[156]和WebNLG[175]上评估提出的模型。使用Zeng等[63]发布的数据集,其中NYT数据集由24个关系组成,包括训练句56 195个、验证句5000个、测试句5000个。WebNLG包括5019个训练句、500个验证句和703个测试句。根据三元组的重叠类型,将句子分为3类:Normal、Entity Pair Overlap (EPO)和Single Entity Overlap (SEO)。

本节还在SemEval 2010 Task 8[176]数据集上评估了本章的方法在关系分类任务中的性能。SemEval 2010 Task 8是一个公共数据集,包含10 717个实例(即文本片段),这些实例被标注为属于9个不同的关系类别之一,或者被标注为一个特殊的类别,即"其他类"。数据集的统计信息如表10.1所示。注意,一个句子可以同时属于EPO类和SEO类。SemEval 2010 Task 8没有为验证建立默认的分割,使用训练集的随机切片(包含6500个实例)。

跟随先前的工作[64,66],本章报告了标准精确度(Precision)、召回率(Recall)和F1-score得分与基线一致。当且仅当两个对应实体的头部和关系都是正确的,预测的三元组被认为是正确的。使用SemEval 2010 Task 8官方评分脚本来评估提出的关系分类任务模型,计算9个实际关系(不包括其他)的宏观平均F1-score得分,并考虑方向性。

表 10.1　数据集的统计信息

| 类别 | NYT | | WebNLG | | SemEval 2010 Task 8 | |
|---|---|---|---|---|---|---|
| | Train | Test | Train | Test | Train | Test |
| Normal | 37 013 | 3266 | 1596 | 246 | 6500 | 2717 |
| EPO | 9782 | 978 | 227 | 26 | — | — |
| SEO | 14 735 | 1297 | 3406 | 457 | — | — |
| ALL | 56 195 | 5000 | 5019 | 703 | 6500 | 2717 |

### 10.4.2　训练细节和参数设置

对于关系三元组抽取,在 PyTorch 中实现的预训练 BERT 模型(Bert-based-Case,带有 12 层 Transformer)之上构建模型,并采用其默认的超参数设置。实验使用 SGD 优化器对模型进行优化,训练批数为 6,学习率为 0.1。为了防止模型过拟合,当验证集上的性能在至少连续 9 个周期没有得到任何改善时,模型将停止训练过程。本节将输入句子中的最大单词数设置为 100,将标记阈值设置为 0.5,以确定单词在训练阶段的开始和结束标记。对于关系分类任务,在预先训练的 BERT 模型的基础上构建提出的模型。使用与关系三元组抽取相同的设置,只是关系的数量不同。所有超参数都在验证集中确定。

### 10.4.3　模型对比实验

对于关系三元组抽取任务,本章将 RIFRE 与几个最先进的模型进行比较,即 NovelTagging[61]、GraphRel[64]、SPointer[65]、CopyR$_{\text{RL}}$[177]、Relation-Aware[62] 和 CasRel[66]。上面的基线模型实验结果直接来自于其各自所发表的原始文献。要注意的是,NovelTagging WebNLG 数据集上的结果来源于 Zeng 发表的论文[63],CasRel* 是本章复现的模型,是 CasRel 基于预训练的 BERT-BASE 模型构建的。RIFRE† 表示只使用初始节点进行关系抽取。

对于关系分类任务,本章将 RIFRE 与 Att-Pooling-CNN[178]、KnowBert-W＋W[179]、BERTEM＋MTB[88]、R-BERT[180] 进行了比较。上述基线的实验结果将直接使用原始发表的文献中的结果。另外,BERTEM＋MTB 和 R-BERT 是在预训练的 BERT-LARGE 模型的基础上建立模型的。

表 10.2 显示了不同方法在 NYT 和 WebNLG 数据集上进行实体和关系联合抽取的结果。其中,复现的实验由 * 标记。该方法标记了未使用的异构图层。这一结果表明,RIFRE 优于所有其他方法,在两个数据集上取得了最先进的性能。对比分析表明,改进

后的节点表示形式可以大大提高模型抽取三元组的能力。对于 NYT 数据集,提出的模型在 F1-score 指标上比最佳方法提高了 2.8%,在精确度和召回率方面也不断提高。对于 WebNLG 数据集,提出的模型在 F1-score 得分上比之前的最佳模型提高了 1.3%。如表 10.1 所示,由于 WebNLG 数据集比 NYT 数据集拥有更高比例的重叠三重值,所以在 WebNLG 数据集上进行重叠三重值的处理比较困难。但是,RIFRE 仍然可以提高查全率,保持较高的查准率,证明本章的方法可以有效地处理重叠问题。

表 10.2 不同方法在 NYT 和 WebNLG 数据集上的结果(%)

| 方　法 | NYT | | | WebNLG | | |
| --- | --- | --- | --- | --- | --- | --- |
| | Precision | Recall | F1-score | Precision | Recall | F1-score |
| NovelTagging | 62.4 | 31.7 | 42.0 | 52.5 | 19.3 | 28.3 |
| CopyR$_{OneDecoder}$ | 59.4 | 53.1 | 56 | 32.2 | 28.9 | 30.5 |
| CopyR$_{MultiDecoder}$ | 61.0 | 56.6 | 58.7 | 37.7 | 36.4 | 37.1 |
| GraphRel$_{1p}$ | 62.9 | 57.3 | 60.0 | 42.3 | 39.2 | 40.7 |
| GraphRel$_{2p}$ | 63.9 | 60.0 | 61.9 | 44.7 | 41.1 | 42.9 |
| SPointer | 72.8 | 69.0 | 70.9 | 38.7 | 37.5 | 38.1 |
| CopyR$_{RL}$ | 77.9 | 67.2 | 72.1 | 63.3 | 59.9 | 61.6 |
| Relation-Aware | 83.2 | 64.7 | 72.8 | 66.4 | 62.7 | 64.5 |
| CasRel | 89.7 | 89.5 | 89.6 | **93.4** | 90.1 | 91.8 |
| CasRel* | 88.3 | 90.2 | 89.2 | 90.9 | 91.8 | 91.3 |
| RIFRE† | 90.0 | 89.1 | 89.5 | 91.8 | 91.5 | 91.6 |
| **RIFRE** | **93.6** | **90.5** | **92.0** | 93.3 | **92.0** | **92.6** |

表 10.3 显示了 SemEval 2010 Task 8 数据集上不同的关系分类方法的结果。从中可以看到,在 SemEval 2010 Task 8 数据集上,RIFRE 显著超过了所有的基线方法。RIFRE 的宏观 F1-score 值为 91.3%,这比该数据集上以前的最佳解决方案要好得多。实验结果表明,该方法能够很好地应用于关系分类任务。

表 10.3 不同方法在 SemEval 2010 Task 8 数据集上的结果(%)

| 模　型 | F1-score |
| --- | --- |
| Att-Pooling-CNN | 88.0 |
| KnowBert-W＋W | 89.1 |

续表

| 模　　型 | F1-score |
| --- | --- |
| BERTEM+MTB | 89.5 |
| R-BERT | 89.3 |
| R-BERT* | 88.9 |
| RIFRE | **91.3** |

### 10.4.4　不同类型的句子上的详细的结果

为了进一步分析 RIFRE 抽取重叠三元组的能力,本节对不同类型的句子进行了两次扩展实验,并与之前的工作进行了比较。

首先,将 NYT 和 WebNLG 的测试句按照不同的重叠类型分为 3 类:Normal、EntityPairOverlap 和 SingleEntityOverlap,然后对各个类别的测试结果进行了验证,结果如图 10.5 所示。可以看到,在不同的重叠类型下,RIFRE 的性能优于所有其他方法。

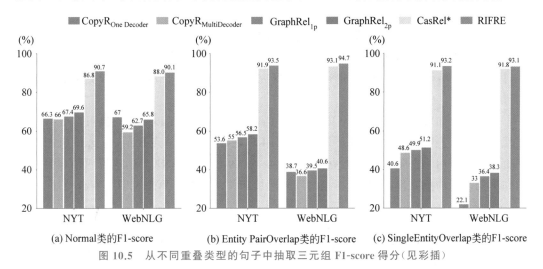

(a) Normal类的F1-score　　(b) Entity PairOverlap类的F1-score　　(c) SingleEntityOverlap类的F1-score

图 10.5　从不同重叠类型的句子中抽取三元组 F1-score 得分(见彩插)

此外,还可以观察到,RIFRE 和 CasRel 的性能远远超过前 4 种方法,因为这些方法基于预训练的语言模型。实验结果表明,该方法能够有效地抽取重叠三元组。

最后,还验证了 RIFRE 从句子中抽取多个三元组的能力。本章将测试句分为 5 类,分别表示其三元组数为 1、2、3、4、5,表 10.4 显示了结果,从中可以观察到,在所有类设置下,RIFRE 都达到了最好的性能。此外,在最具挑战性的设置($N \geqslant 5$)下,与最先进的方法相比,RIFRE 获得了最显著的改进,这表明 RIFRE 很适合处理复杂的场景。

表 10.4　不同方法在 SemEval 2010 Task 8 数据集上的结果(%)

| 方法 | NYT | | | | | WebNLG | | | | |
|---|---|---|---|---|---|---|---|---|---|---|
| | $N=1$ | $N=2$ | $N=3$ | $N=4$ | $N\geqslant5$ | $N=1$ | $N=2$ | $N=3$ | $N=4$ | $N\geqslant5$ |
| $CopyR_{OneDecoder}$ | 66.6 | 52.6 | 49.7 | 48.7 | 20.3 | 65.2 | 33.0 | 22.2 | 14.2 | 13.2 |
| $CopyR_{MultiDecoder}$ | 67.1 | 58.6 | 52.0 | 53.6 | 30.0 | 59.2 | 42.5 | 31.7 | 24.2 | 30.0 |
| $GraphRel_{1p}$ | 69.1 | 59.5 | 54.4 | 53.9 | 37.5 | 63.8 | 46.3 | 34.7 | 30.8 | 29.4 |
| $GraphRel_{2p}$ | 71.0 | 61.5 | 57.4 | 55.1 | 41.1 | 66.0 | 48.3 | 37.0 | 32.1 | 32.1 |
| $CasRel^*$ | 87.7 | 90.1 | 91.9 | 93.5 | 83.4 | 88.0 | 90.5 | 93.2 | 92.6 | 90.7 |
| RIFRE | 90.7 | 92.8 | 93.4 | 94.8 | 89.6 | 90.2 | 92.0 | 94.8 | 93.0 | 92.0 |

### 10.4.5　分析和讨论

**1. 消融实验**

为了研究模型不同组件的贡献,本节使用 WebNLG 数据集上性能最好的模型,检查了不同模块组件在异构图层中的贡献。"-"表示从原始的 RIFRE 上移除或更改模块。首先,用 tanh 激活函数代替 gate 机制;其次,研究了残差连接、词节点更新和关系节点更新的影响。

实验结果如表 10.5 所示。从中可以观察到,使用门控机制和残差连接可以改善模型的性能。结果表明,这两个组件可以帮助 RIFRE 更好地学习节点表示,而 gate 机制发挥了更重要的作用。去除单词节点更新后,F1-score 的值下降到 91.8%,这说明融合关系表示和单词表示的重要性。此外,模型的残差连接和关系节点更新也说明了其有效性。

表 10.5　WebNLG 消融研究结果(%)

| 模　型 | Precision | Recall | F1-score |
|---|---|---|---|
| RIFRE | 93.3 | 92.0 | 92.6 |
| -门控机制 | 92.8 | 90.8 | 92.0 |
| -残差连接 | 92.6 | 91.8 | 92.3 |
| -单词节点更新 | 92.5 | 91.2 | 92.1 |
| -关系节点更新 | 93.2 | 91.2 | 92.2 |

**2. 异构图网络层数的影响**

为了确定图神经网络的层数,本节在 NYT 和 WebNLG 的验证集上研究了使用不同层数的异构图网络的结果。所有的模型都训练了 5 个迭代次数。表 10.6 为不同层的结果,可以看出,在 $l=2$ 和 $l=3$ 时,RIFRE 的结果具有可比性。为了平衡时间成本和模型性能,本节为所有任务设置 $l=2$。

表 10.6　不同数量的异构图网络层设置下的结果

| 数　　量 | NYT | | WebNLG | |
| --- | --- | --- | --- | --- |
| | F1-score/% | 时间 | F1-score/% | 时间 |
| $l=0$ | 89.4 | 1.71h | 78.2 | 0.24h |
| $l=1$ | 90.3 | 1.94h | 83.7 | 0.31h |
| $l=2$ | 90.5 | 2.16h | 85.4 | 0.37h |
| $l=3$ | 90.1 | 2.46h | 86.8 | 0.42h |

**3. 标记阈值的分析**

本节还探讨了不同标记阈值的影响,其中主语标记和宾语标记都设置了相同的阈值。图 10.6 显示了 RIFRE 和目前最先进的方法 CasRel[66] 在不同标签阈值设置下的结果。随着阈值的增加,所有模型的精度逐渐降低,而查全率逐渐增加。F1-score 先上升后下降,但 RIFRE 的 F1-score 相对稳定,优于 CasRel 方法。

总体结果表明,阈值会影响抽取的实体数量。随着阈值的增加,抽取的三元组的数量也会增加,但精度会降低。模型在 WebNLG 和 NYT 数据集上的性能最好,阈值分别为 0.6 和 0.7。本章的模型在 NYT 数据集上的性能相对较低,因为 WebNLG 数据集和 NYT 数据集的大小相差近 10 倍。一般来说,模型对于关系三元组抽取具有较高的置信度。即使阈值为 0.1,RIFRE 的 F1-score 得分也超过 90%。

**4. 误差分析**

为了探索影响 RIFRE 模型提取实体关系三元组的因素,本章进一步分析了三元组 (E1,R,E2) 中不同元素的预测性能,E1 代表主语实体,E2 代表宾语实体,R 表示它们之间的关系。一个元素(E1,E2)被认为是正确的只有在主语和宾语的预测是正确的,不管预测关系的正确性。同样,如果一个元素 E2 是正确的,只要提取的宾语是正确的,不管 E1 和 R 是否预测正确。

表 10.7 展示了三元组中不同元素的结果。在 NYT 数据集上,E1 和 E2 的性能与 (E1,R) 和 (R,E2) 一致,证明了 RIFRE 在识别主语和宾语实体方面的有效性。(E1,R,

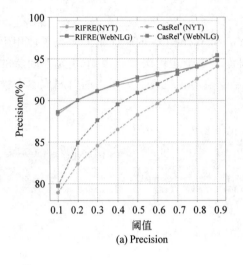

(a) Precision

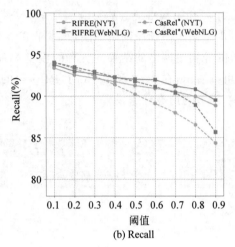

(b) Recall

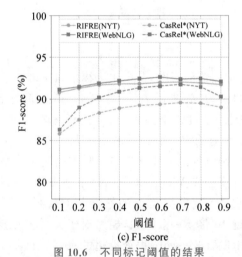

(c) F1-score

图 10.6　不同标记阈值的结果

E2)和(E1,E2)的 F1-score 得分差距较小,(E1,R,E2)和(E1,R)/(R,E2)的 F1-score 得分差距较大。结果表明,当大多数实体对被正确识别时,关系也能被正确识别。它将更容易识别关系,而不是识别实体。对于 WebNLG 数据集,(E1,R,E2)和(E1,E2)之间的性能有明显的差距,而(E1,R,E2)和(E1,R)/(R,E2)之间的差距很小。这与 NYT 数据集的结果相反,表明错误识别模型关系比错误识别实体更可能导致模型性能下降。此处将这种差异归结于两个数据集所包含的关系数量不同(NYT 的关系数量为 24,WebNLG 的关系数量为 246),这使得 WebNLG 中关系的识别更加困难。

表 10.7　关系三元组中不同元素的结果(%)

| 元　　素 | NYT | | | WebNLG | | |
|---|---|---|---|---|---|---|
| | Precision | Recall | F1-score | Precision | Recall | F1-score |
| E1 | 95.9 | 93.2 | 94.5 | 97.8 | 94.7 | 96.2 |
| E2 | 95.8 | 93.6 | 94.7 | 97.2 | 94.5 | 95.8 |
| R | 97.4 | 93.7 | 95.5 | 96.1 | 93.4 | 94.7 |
| (E1,R) | 95.5 | 91.9 | 93.6 | 94.5 | 92.4 | 93.5 |
| (R,E2) | 95.2 | 91.7 | 93.4 | 95.1 | 92.8 | 93.9 |
| (E1,E2) | 93.3 | 90.9 | 92.1 | 95.1 | 93.7 | 94.4 |
| (E1,R,E2) | 93.6 | 90.5 | 92 | 93.3 | 92 | 92.6 |

**5. 关系节点可视化**

本章使用在 NYT 数据集上学习到的 17 个关系节点向量进行可视化分析。具体地讲,通过采用训练后模型的初始关系节点向量表示进行分层聚类,分析不同学习后的关系节点之间的联系。图中纵坐标标号为每个关系节点的名称,横坐标标号为余弦距离。

图 10.7 为关系节点层次聚类的结果。从中可以观察到 place_of _death、place_lived 和 place_of _birth 可以被视为阈值下的一个类别。同样,contains、capital 和 administrative_divisions 都代表一个更广泛的包含关系。说明这三个关系可以表示为更粗粒度的关系,这表明 RIFRE 可以学习关系之间的联系。在实践中,存在着复杂的关系,关系之间存在着不同层次的关系。目前的关系抽取模型不能很好地捕捉这种关系。本章的方法不仅能很好地抽取三元组,而且能隐式地学习关系之间的不同粒度信息。

**6. 案例分析**

图 10.8 显示了本节提出的 RIFRE 的案例研究,图中展示的是 RIFRE 和 RIFRE[+],其中 RIFRE[+] 代表不使用表示迭代融合方法(即异构图层数是 0)。第一个例子是一个简单的句子,RIFRE[+] 和 RIFRE 都可以准确提取。第二个例子是 SEO 类型的句子。RIFRE[+] 未能提取 Japan 作为主语的三元组,而 RIFRE 融合关系语义信息后可以更容易地处理这种情况。第三个例子是 EPO 类型的句子,Sergey Brin 和 Google 包含各种各样的语义关系,而 RIFRE 可以提取所有三元组。这些案例进一步验证了 RIFRE 的有效性和表示迭代融合方法的优势。

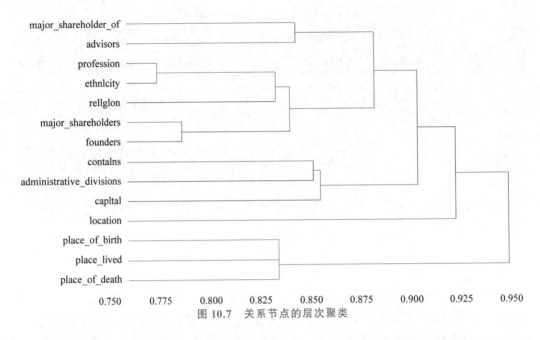

图 10.7　关系节点的层次聚类

| Sentence | RIFRE$_\varnothing$ | RIFRE |
|---|---|---|
| An article on June 18 about Amsterdam's celebration of the 400th anniversary of Rembrandt's birth, and an accompanying map, misspelled the names of churches that have ties to him. | (Rembrandt, place_of_death, Amsterdam)<br>(Rembrandt, place_lived, Amsterdam) | (Rembrandt, place_of_death, Amsterdam)<br>(Rembrandt, place_lived, Amsterdam) |
| Footnotes The Philadelphia Orchestra will perform for the first time in Singapore and Kyoto, Japan, when its music director, Christoph Eschenbach, below, leads it on a 15-concert tour of Asia from May 19 through June 7. | (Asia, contains, Singapore)<br>(Asia, contains, Japan) | (Asia, contains, Singapore)<br>(Asia, contains, Japan)<br>(Japan, contains, Kyoto) |
| Another team, on the business side, worked on a particularly important deal to us, said Google's co-founder and co-president, Sergey Brin. | (Sergey Brin, company, Google)<br>(Google, major_shareholders, Sergey Brin)<br>(Google, founders, Sergey Brin) | (Sergey Brin, major_shareholder_of, Google)<br>(Sergey Brin, company, Google)<br>(Google, major_shareholders, Sergey Brin)<br>(Google, founders, Sergey Brin) |

图 10.8　案例研究

## 10.5　本章小结

　　本章提出了一种用于实体和关系联合抽取的表示迭代融合方法,并在实验中验证了该方法的有效性。将关系和词作为图上的节点,通过消息传递机制对不同节点的信息进行聚合。本章的方法在 NYT 和 WebNLG 数据集上取得了优异的实验效果,详细的实验也表明本章方法可以处理复杂的场景。此外,在 SemEval 2010 Task 8 数据集上,本章的方法也明显优于以往的方法,说明该方法是可以泛化的。未来,笔者将继续探索不同的图网络模型,更好地编码节点表示,并将表示迭代融合策略推广到更多的任务中。

# 本 篇 小 结

　　本篇针对垂直领域的实体关系抽取方法进行了较为全面的相关工作研究,首先在基于远程监督方法的关系抽取任务中提出一种补偿机制,缓解了深层神经网络中数据缺失和变形的问题;在训练过程中引入对抗学习技术,进一步提高了模型的鲁棒性。其次,在基于小样本学习方法的关系抽取中,提出一种异构图神经网络,引入句子和实体两种类型不同的节点,使得异构图能够表达更为丰富的结构化信息;不同类型的节点通过边来进行交互,促进了节点之间的消息传递;在训练过程中引入对抗学习技术,缓解了小样本学习中众所周知的过拟合问题。然后,在文档级别的多实体关系抽取中,充分利用文档中不同级别的共现信息,对实体进行指代消歧;利用文档级别的"注意力"机制从关系依赖句中提取特征;利用图神经网络在多个实体对之间进行预测推理。最后,在基于表示迭代融合方法的联合实体和关系抽取任务中;通过将关系和词作为图上的节点,然后从不同的节点通过消息传递机制聚合信息。

　　本篇在多个基准数据集上进行了实验,通过纵向对比实验结果表明,本篇的方法有效地解决了基于远程监督方法、小样本学习方法、文档级别多实体的关系抽取中的关键问题,为其在实际生产中应用关系抽取打下了坚实的基础。

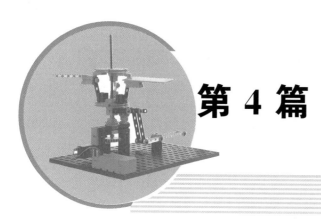

# 第 4 篇

# 开放领域的实体关系分析

　　本篇在开放领域下探索实体关系抽取方法。首先,在开放文本中存在的知识复杂多样,在开放领域下的数据、关系种类同样复杂多样,模型训练并不能涵盖所有关系类型;为了使模型可以分类已知的关系类型,同时还可以检测未知的关系实例,本篇探索基于动态阈值的开放关系检测方法,使模型具有分类能力的同时检测那些未知的关系类型。其次,本篇还进一步对检索出的关系实例深入发现更细粒度的新关系类型,探究基于自加权损失的开放关系抽取。然后,通过发现的新关系进一步使模型进行持续学习。探究一种用于持续关系抽取的一致表示学习方法,该方法通过监督对比学习和知识蒸馏,约束旧任务的嵌入特征不发生显著变化。最后,本篇针对完整的开放关系抽取,介绍开放域文本关系抽取的可扩展、可视化平台。通过整合开放关系检测和开放关系发现模型,能够对真实场景下的复杂知识进行获取。

# 第11章 基于动态阈值的开放关系检测

## 11.1 概　述

第 10 章研究了实体和关系联合抽取及关系分类,这些方法一般假设存在一个预定义的封闭关系集,并将任务转换为闭集分类或抽取问题。然而,这些方法不能处理训练中没有出现的未知关系。如图 11.1 所示,图中句子中的两个实体分别用红色和蓝色标记(见彩插)。实际场景可能包含许多不属于任何已知关系的开放关系(open)。在这种情况下,模型不仅要检测未知关系,还要正确分类已知关系。更重要的是,有效识别已知关系可以提高模型性能。同时,检测到的未知类型可以用来发现新的关系。

| 句子 | 关系 |
| --- | --- |
| Jan Kasl became mayor of Prague. | head of government |
| Berry Vrbanovic elected Kitchener mayor. | head of government |
| Chanhsouk Bounpachit is a Laotian Politician. | occupation |
| Robert Drost is an American computer scientist. | occupation |
| ⋮ | ⋮ |
| TMPGEnc products run on Microsoft Windows. | **open** |
| Ralph Cato is an American baritone singer. | **open** |

图 11.1　开放关系检测的实例(见彩插)

因此,本章提出了一种基于生成负样本的动态阈值(dynamic thresholds based on generative negative samples,DTGNS)方法,用于开放关系检测。如图 11.2 所示,关系表示首先从 BERT 模型中抽取[20],并将已知关系嵌入密集向量中。然后,将每个密集向量和关系表示连接起来得到未归一化的概率值。同时,将关系表示和零向量连接起来,得到与样本相关的动态阈值。最后,设计了一个特定的损失函数来优化模型以生成有区别的动态阈值。此外,两种负样本生成技术——流形混合[181]和实体边界滑动,用于进一步学习阈值。因此,负样本是通过流形混合有效地生成的,并在训练期间随机滑动实体对的边

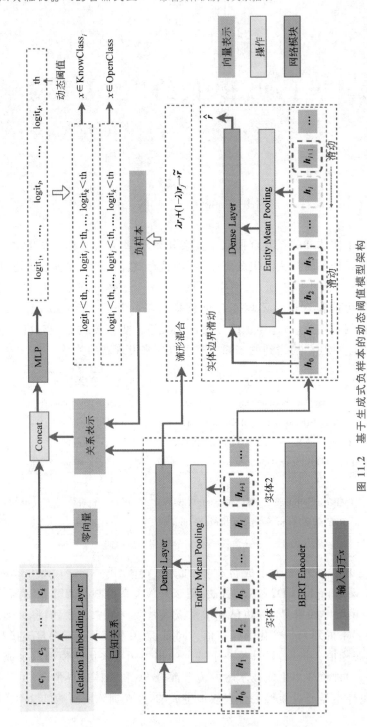

图 11.2 基于生成式负样本的动态阈值模型架构

界。这些负样本被视为未知样本并进行训练,以学习可以更适应开放场景的阈值。所提出的方法在没有额外参数和网络设计的情况下创建动态阈值,可以自动适应不同的样本。

## 11.2  任 务 定 义

在本节中,正式定义了开放关系检测任务。与传统的分类任务一样,用训练集 $\mathcal{D}_{tr} = \{(x_i, y_i)\}_{i=1}^{|\mathcal{D}_{tr}|}$ 对模型进行训练,其中每个实例 $x_i$ 都由一对实体 $(e_1, e_2)$ 和令牌序列 $\{w_1, w_2, \cdots\}$ 构成,$y_i \in Y = \{1, 2, \cdots, N\}$ 是对应的类标签。然而,面对开放类的出现,模型将在测试集 $\mathcal{D}_{te} = \{(x_i, y_i)\}_{i=1}^{|\mathcal{D}_{te}|}$ 上进行测试,其中 $y_i \in Y = \{1, 2, \cdots, N, N+1\}$ 为对应的关系标签。注意,$N+1$ 类是一组新颖的类别,可能包含多个关系类型。由于训练集中没有额外的信息,所以模型无法将新类组分解为细粒度的子关系类型。在这种情况下,最优开放分类器使风险最小化,其公式为

$$f^* = \underset{f \in H}{\arg\min} \, \mathbb{E}_{(x,y) \sim \mathcal{D}_{te}} \mathbb{I}(y \neq f(x)) \tag{11-1}$$

其中:$\mathcal{H}$ 是假设空间;$\mathbb{I}$ 是指示函数,如果表达式成立,则输出 1,否则输出 0。$\mathcal{D}_{te}$ 由已知类和开放类组成。总体风险的目标是对已知类别进行分类,同时将未知类别检测为 $N+1$ 类。

## 11.3  基于生成式负样本的动态阈值方法

在本节中,将详细介绍所提出方法的总体框架。如图 11.2 所示,该模型主要由关系表示、动态阈值和生成式负样本 3 部分组成。

### 11.3.1  关系表示

预先训练的语言模型 BERT 在先前章节中表现出具有抽取文本的上下文表示的强大的能力。因此,使用它对实体对和上下文信息进行编码,得到关系语义表示。

给定一个输入句 $x \in \mathcal{D}_{tr}$,所有令牌嵌入 $[\boldsymbol{h}_0, \boldsymbol{h}_1, \cdots, \boldsymbol{h}_l] \in \mathbb{R}^{(l+1) \times d}$ 是从 BERT 的最后一个隐藏层得到的。为了得到两个实体之间关系的表示,首先使用均值池化来获得实体表示,对应公式为

$$\boldsymbol{e}_1 = \text{mean-pooling}\,([\boldsymbol{h}_{i_{e_1}}, \cdots, \boldsymbol{h}_{j_{e_1}}]) \tag{11-2}$$

$$\boldsymbol{e}_2 = \text{mean-pooling}\,([\boldsymbol{h}_{i_{e_2}}, \cdots, \boldsymbol{h}_{j_{e_2}}]) \tag{11-3}$$

其中:$(i_{e_*}, j_{e_*})$ 是令牌嵌入中相应实体 $e_*$ 的开始和结束索引。

将输出对应的特殊标记 $\boldsymbol{h}_0$ 和两个实体表示连接起来,以编码关系表示 $r \in \mathbb{R}^d$:

$$r = \mathrm{ReLU}(\boldsymbol{W}[\boldsymbol{h}_0; \boldsymbol{e}_1; \boldsymbol{e}_2] + \boldsymbol{b}) \tag{11-4}$$

其中：$\boldsymbol{W} \in \mathbb{R}^{3d \times d}$ 和 $\boldsymbol{b} \in \mathbb{R}^d$ 是可学习的参数；$\boldsymbol{h}_0$ 是特殊令牌[CLS]的嵌入；$[\cdot; \cdot]$表示特征表示的串联。每个已知的关系标签被嵌入为一个高维向量，公式为

$$[\boldsymbol{c}_1, \boldsymbol{c}_2, \cdots, \boldsymbol{c}_N] = \boldsymbol{E}([c_1, c_2, \cdots, c_N]) \tag{11-5}$$

其中：$c_i$ 是第 $i$ 个已知关系；$\boldsymbol{E} \in \mathbb{R}^{N \times d}$ 是嵌入矩阵；$N$ 是已知关系的数量；$\boldsymbol{c}_i \in \mathbb{R}^d$ 是关系嵌入向量。对于分类任务，将 $\boldsymbol{c}_i$ 与关系表示连接起来，并通过 MLP 层输出未归一化的概率（logit）：

$$\mathrm{logit}_i = \mathrm{MLP}([\boldsymbol{r}; \boldsymbol{c}_i]) \tag{11-6}$$

$\{\mathrm{logit}_i\}_{i=1}^{N}$ 用于预测句子 $x$ 的类别。

### 11.3.2　动态阈值

用于训练模型的样本只包含已知的类信息，没有任何额外的开放类先验信息。在封闭集分类方法中，开放类样本被分配给具有预测最大概率的类。一种直观的方法[182]是使用一个阈值，它以最大输出概率类别作为置信度得分，闭集分类器可以通过阈值扩展，具体公式为

$$\hat{y} = \begin{cases} \underset{k \in Y}{\mathrm{argmax}} \, \hat{p}_k, & \mathrm{conf} > \mathrm{th} \\ N+1, & 其他 \end{cases} \tag{11-7}$$

其中：th 是阈值；$\hat{p}_k$ 是模型预测属于类 $k$ 的概率；$Y = \{1, 2, \cdots, N\}$ 表示已知类；$\mathrm{conf} = \underset{k=1,2,\cdots,N}{\max} \hat{p}_k$。然而，调整一个将已知与未知分开的阈值既困难又耗时。

基于样本的阈值。为了适应不同的开放关系样本并减少手动调整，本节提出了一个与样本相关的阈值来检测开放类。该阈值定义为

$$\mathrm{th} = \mathrm{MLP}([\boldsymbol{r}; \boldsymbol{0}]) \tag{11-8}$$

其中：MLP 来自于公式(11-6)；$\boldsymbol{0} \in \mathbb{R}^d$ 是一个全零的向量。样本相关阈值不添加任何附加参数，只依赖于样本本身的特征。

为了使阈值自适应检测开放关系样本，下面定义一个损失函数，使真实类别对应的 logit 输出大于该阈值，其他类的输出 logit 小于该阈值，计算公式分别为

$$\mathcal{L}_1 = -\ln \frac{\exp(\mathrm{logit}_y)}{\exp(\mathrm{th}) + \exp(\mathrm{logit}_y)} \tag{11-9}$$

$$\mathcal{L}_2 = -\ln \frac{\exp(\mathrm{th})}{\exp(\mathrm{th}) + \sum_{j=1, j \neq y}^{N} \exp(\mathrm{logit}_j)} \tag{11-10}$$

$$\mathcal{L}_t = \mathcal{L}_1 + \mathcal{L}_2 \tag{11-11}$$

其中：$y$ 是对应于真实标签的类别索引。

通过最小化 $\mathcal{L}_t$，模型可以学习与样本相关的阈值。由于设计的阈值取决于样本本身，即使开放类在测试期间包含多个子类，它也能执行得很好。

### 11.3.3　生成式负样本

虽然动态阈值可以检测到开放类，但考虑到模型从未见过开放类样本，本节进一步生成负样本作为开放样本进行阈值学习，以适应开放场景。

**1. 流形混合**

受 Zhou 所著文献[97]的启发，本章用关系表示代替原始样本输入。使用流形混合（manifold mixup）方法[181]生成负样本：

$$\tilde{r} = \lambda r_i + (1-\lambda) r_j, y_i \neq y_j \tag{11-12}$$

其中：$\lambda \in [0,1]$ 是从 Beta 分布中采样得到的；$\tilde{r} \in \mathbb{R}^d$ 且 $\tilde{r}$ 是混合不同类关系表示得到的一个负样本。在训练中，这些组合以小批量生成，即一旦得到了一批训练样本，可以通过打乱这批样本来得到另一个实例的顺序。然后，将同一类的对进行掩模（mask），并将不同类的对进行混合。因此，其计算复杂度与普通训练相同，而且不会花费额外的时间。

负样本 $\tilde{r}$ 用于通过公式（11-5）和公式（11-7）计算输出 $[\text{logit}_1^m, \text{logit}_2^m, \cdots, \text{logit}_N^m, \text{th}^m]$。$\tilde{r}$ 被视为开放样本，然后最小化以下损失：

$$\mathcal{L}_m = -\ln \frac{\exp(\text{th}^m)}{\exp(\text{th}^m) + \sum_{j=1}^{N} \exp(\text{logit}_j^m)} \tag{11-13}$$

由插值方法（manifold mixup）生成的 $\tilde{r}$，训练这些负样本会使已知类的边界更紧凑。同时，动态阈值对开放场景具有更强的适应性。

**2. 实体边界滑动**

在现实中，开放类可能分布在高维空间中所有已知类的一侧，插值方法无法适应这种情况。为了处理更复杂的数据分布，并考虑到测试实例可能没有表达任何关系，因此本章进一步提出了一种简单的方法，称为实体边界滑动。在 BERT 输出 token 表示后，通过随机滑动实体对的边界来生成新的实体表示：

$$i_{e_*} = i + \delta, j_{e_*} = j + \delta$$
$$e_* = \text{mean-pooling}([\boldsymbol{h}_{i_{e_*}}, \cdots, \boldsymbol{h}_{j_{e_*}}]) \tag{11-14}$$

其中：$(i,j)$ 对是单个原始实体的起始和结束索引；$\delta$ 是一个从 $[-a, -1] \bigcup [1, b]$ 中随机取样的标量，其中 $a$ 和 $b$ 是实体的开始和结束索引到序列的开始和结束的距离。

生成的负样本 $\hat{r}$ 是基于新的实体对表示 $e_*$，经过公式（11-3）计算后输出的。$\hat{r}$ 通过公式(11-6)和公式(11-7)计算输出$[\text{logit}_1^s, \text{logit}_2^s, \cdots, \text{logit}_N^s, \text{th}^s]$。然后最小化以下损失：

$$\mathcal{L}_s = -\ln \frac{\exp(\text{th}^s)}{\exp(\text{th}^s) + \sum_{j=1}^{N} \exp(\text{logit}_j^s)} \tag{11-15}$$

最后,优化的训练损失为

$$\mathcal{L} = \mathcal{L}_t + \mathcal{L}_m + \mathcal{L}_s \tag{11-16}$$

在测试阶段,模型为每个样本输出一个动态阈值 th,然后通过它检测开放类,公式为

$$\hat{y} = \begin{cases} \underset{i \in Y}{\arg\max}\, \text{logit}_i, & \text{logit}_{\max} > \text{th} \\ \text{open}, & \text{其他} \end{cases} \tag{11-17}$$

其中：$\text{logit}_{\max} = \underset{i \in Y}{\max}\, \text{logit}_i$；open 表示 $N+1$ 类；$Y = \{1, 2, \cdots, N\}$,表示已知关系。

## 11.4　实验与分析

本节将在公开的关系抽取数据集上进行实验,以证明所提出方法的有效性,并给出详细的分析。

### 11.4.1　数据集

实验是在以下两个广泛使用的数据集上进行的。这两个数据集的统计情况如表 11.1 所示。

表 11.1　关系分类数据集的统计信息

| 数据集名称 | 训练集 | 验证集 | 测试集 | 关系类别数量 |
| --- | --- | --- | --- | --- |
| SemEval | 6500 | 1500 | 2717 | 19 |
| FewRel | 46 400 | 4000 | 5600 | 80 |

**SemEval**：SemEval (SemEval 2010 Task 8)[176]是一个公共数据集,包含 10 717 个实例,有 9 个关系和一个特殊的其他类。SemEval 不为验证建立默认分割。所以训练集的一个随机切片包含 1500 个实例,被用作验证集。

**FewRel**：FewRel[18]是一个大规模的 FewShot 数据集,包含 80 种关系类型,每一种关系类型都有 700 个实例。继 Han 等[183]的设置之后,5600 个实例被用作测试数据,并使用包含 4000 个实例的训练集的随机切片作为验证集。

### 11.4.2　评价指标

根据以往研究的设置[95,184,185],所有未知的关系都被视为评价中的一个拒绝类。本

节通过计算准确率（Acc）和宏观 F1-score（Overall）整体类（已知类和一个拒绝类）来评估模型的整体性能。为了更全面地评估未知类检测和已知类分类的能力，宏观 F1-score（Known）对已知类和宏观 F1-score（open）未知类也进行了计算。

### 11.4.3　基线模型

本章提出的 DTGNS 与以下最先进的方法进行了比较。

**OpenMax**：OpenMax[94] 是一种开放集检测方法，它引入了一个新的模型层来估计来自未知类别证明的输入。由于缺乏用于调优的开放类代码，本章采用 OpenMax 的默认超参数。

**MSP**：MSP[182] 计算已知样本的 Softmax 概率，并拒绝具有阈值的低置信度未知样本。对于 MSP，使用置信度阈值（0.5）。

**DOC**：DOC[95] 是一种开放分类方法，将 Softmax 替换为 Sigmoid 激活函数，并通过高斯拟合方法估计每个类的置信度阈值。

**DeepUnk**：DeepUnk[184] 是一种两阶段的未知类检测方法，它利用局部异常因子（LOF）来检测未知类。

**ADB**：ADB[185] 是一种后处理方法，自动学习特征空间的自适应决策边界进行开放分类。

这些基线方法的 Backbone 替换为编码关系表示的同一网络，以便进行公平性比较。

### 11.4.4　参数设置和训练细节

DTGNS 是在 PyTorch[186] 中实现的预训练 BERT 模型之上构建的，并采用其默认的超参数设置。为了加快训练过程，实验冻结 BERT 中除最后一个 Transformer 层参数外的所有参数。训练批数为 64，维度 $d$ 为 768，学习率为 2e-5。在训练中采用热身策略，热身比率为 0.1。MLP 由两个具有 ReLU 激活功能的线性层和以下维度组成：$2d-100-1$。为了防止模型过拟合，当验证集的性能至少连续 15 个阶段没有改善时，训练过程就会停止。

已知类的数量以 25%、50% 和 75% 的比例在训练集中变化，并使用所有的类进行测试。需要注意的是，在训练或验证过程中不会使用来自未知类的实例。对于 SemEval 数据集，Other 和 Entity-Destination(e2,e1) 类总是作为开放类，因为在分割初始训练集之后，Entity-Destination(e2,e1) 的数量在训练集中没有样本，而在验证集中只有一个样本。对于每个已知的类比例，实验呈现了 5 组实验的平均性能。

### 11.4.5　结果与讨论

表 11.2 给出了所有比较方法的结果。首先，在 25%、50%、75% 的已知类别设置下，

DTGNS 始终优于几乎所有的基线。与最佳基线的结果相比，DTGNS 改善 SemEval 的宏观 F1-score（Overall）分别为 7.3％、4.2％、2.3％，在 25％、50％、75％设置下，DTGNS 改善 FewRel 的宏观 F1-score（Overall）分别为 1.9％、2.9％、2.5％，这证实了本章方法的有效性。

表 11.2　在 SemEval 和 FewRel 数据集上不同已知类比例下的实验结果（％）

| 已知类比例 | 方法 | SemEval | | | | FewRel | | | |
|---|---|---|---|---|---|---|---|---|---|
| | | Known | Open | Acc | Overall | Known | Open | Acc | Overall |
| 25％ | MSP | 42.40 | 13.15 | 29.17 | 36.55 | 50.88 | 18.86 | 30.99 | 49.35 |
| | OpenMax | 44.27 | 20.55 | 32.51 | 39.53 | 52.61 | 24.95 | 34.61 | 51.29 |
| | DOC | 56.45 | 69.9 | 64.92 | 59.14 | 56.90 | 47.28 | 46.04 | 56.44 |
| | DeepUnk | 57.53 | 72.95 | 66.82 | 60.61 | 66.34 | **80.47** | 73.50 | 67.01 |
| | ADB | 56.89 | 73.43 | 67.26 | 60.2 | 61.68 | 65.97 | 59.95 | 61.88 |
| | **DTGNS** | **64.70** | **80.76** | **74.96** | **67.91** | **68.37** | 80.09 | **73.54** | **68.92** |
| 50％ | MSP | 60.58 | 24.50 | 50.27 | 56.57 | 67.09 | 19.48 | 50.12 | 65.93 |
| | OpenMax | 59.33 | 17.54 | 47.78 | 54.68 | 62.37 | 47.82 | 57.79 | 62.01 |
| | DOC | 67.82 | 65.64 | 68.86 | 67.58 | 69.30 | 35.38 | 54.81 | 68.48 |
| | DeepUnk | 70.54 | 73.75 | 73.89 | 70.90 | 72.82 | 70.3 | 70.99 | 72.76 |
| | ADB | 69.11 | 68.15 | 70.17 | 69.00 | 71.11 | 52.75 | 61.50 | 70.67 |
| | **DTGNS** | **74.50** | **79.94** | **78.91** | **75.12** | **75.75** | **71.37** | **72.41** | **75.65** |
| 75％ | MSP | 72.74 | 23.43 | 64.56 | 69.22 | 77.59 | 20.71 | 67.70 | 76.66 |
| | OpenMax | 72.74 | 22.06 | 64.25 | 69.12 | 71.76 | 42.29 | 64.45 | 71.28 |
| | DOC | 73.47 | 47.01 | 69.56 | 71.58 | 77.63 | 24.78 | 67.80 | 76.76 |
| | DeepUnk | 72.62 | 66.02 | 72.89 | 72.19 | 77.43 | 50.41 | 70.41 | 76.99 |
| | ADB | 74.53 | 54.89 | 70.92 | 73.13 | 77.47 | 40.32 | 69.15 | 76.86 |
| | **DTGNS** | **75.77** | **70.35** | **77.53** | **75.38** | **79.89** | **57.6** | **74.27** | **79.52** |

其次，实验结果表明，与 FewRel 数据集相比，本章的模型在 SemEval 数据集上的改进效果更明显。由于 SemEval 数据集中 17.4％的实例没有关系（如其他类），这可能会导致其他基线难以检测这些实例。然而，本章的方法通过生成负样本来模拟分布外的数据，从而更好地检测复杂的实例。

最后,从表中可以观察到,相对于 SemEval 数据集,在 FewRel 数据集上,开放类的检测性能随着已知类数量的增加而逐渐下降。原因是模型在准确检测的同时需要对大量已知类进行分类。与最佳方法相比,本章的方法仍然取得了相当大的改进,这展示了 DTGNS 的优点。

**1. 消融实验**

为了进一步分析 DTGNS,本章进行了消融研究来说明两种负样本生成技术的有效性,消融研究的结果如表 11.3 所示。

表 11.3　DTGNS 在 SemEval 和 FewRel 数据集上的消融实验(%)

| 已知类比例 | 方法 | SemEval | | | | FewRel | | | |
|---|---|---|---|---|---|---|---|---|---|
| | | Known | Open | Acc | Overall | Known | Open | Acc | Overall |
| 25% | $\mathcal{L}_t$ | 48.98 | 46.58 | 47.51 | 48.50 | 61.34 | 64.92 | 59.23 | 61.51 |
| | $\mathcal{L}_t + \mathcal{L}_s$ | 54.10 | 62.55 | 58.61 | 55.79 | 63.49 | 69.39 | 63.28 | 63.77 |
| | $\mathcal{L}_t + \mathcal{L}_m$ | 61.26 | 79.99 | 74.22 | 65.00 | 67.09 | 78.36 | 71.57 | 67.63 |
| | $\mathcal{L}_t + \mathcal{L}_s + \mathcal{L}_m$ | **64.70** | **80.76** | **74.96** | **67.91** | **68.37** | **80.09** | **73.54** | **68.92** |
| 50% | $\mathcal{L}_t$ | 69.84 | 69.47 | 71.64 | 69.79 | 72.53 | 56.79 | 64.30 | 72.14 |
| | $\mathcal{L}_t + \mathcal{L}_s$ | 71.24 | 72.28 | 73.60 | 71.35 | 73.31 | 61.00 | 66.56 | 73.01 |
| | $\mathcal{L}_t + \mathcal{L}_m$ | 69.18 | 79.39 | 78.25 | 70.32 | 75.52 | 70.35 | 71.81 | 75.39 |
| | $\mathcal{L}_t + \mathcal{L}_s + \mathcal{L}_m$ | **74.50** | **79.94** | **78.91** | **75.12** | **75.75** | **71.37** | **72.41** | **75.65** |
| 75% | $\mathcal{L}_t$ | 77.37 | 66.68 | 76.80 | 76.61 | 79.54 | 47.02 | 72.33 | 79.01 |
| | $\mathcal{L}_t + \mathcal{L}_s$ | 74.35 | 67.48 | 76.83 | 73.85 | 79.47 | 50.07 | 72.72 | 78.99 |
| | $\mathcal{L}_t + \mathcal{L}_m$ | 70.78 | 69.92 | 76.34 | 70.72 | 79.99 | 56.41 | 74.12 | 79.60 |
| | $\mathcal{L}_t + \mathcal{L}_s + \mathcal{L}_m$ | **75.77** | **70.35** | **77.53** | **75.38** | **79.89** | **57.60** | **74.27** | **79.52** |

首先,去除训练过程中的负样本生成(即 $\mathcal{L}_s$),观察负样本训练对模型的影响。结果表明,去除负样本训练后 DTGNS 的性能产生不同程度的下降,说明负样本训练是必不可少的。假设使用流形混合(即 $\mathcal{L}_t + \mathcal{L}_m$)或实体随机滑动(即 $\mathcal{L}_t + \mathcal{L}_s$)来生成负样本,与不使用负样本相比,模型的性能在大多数情况下都有所提高。结果表明,每种负样本生成技术都可以帮助模型有效地学习阈值,从而提高检测性能。

**2. 噪声敏感性**

为了证明该方法的鲁棒性,本章进一步在有噪声的数据中测试了 DTGNS,并采用了

3 种随机噪声设置：10％噪声数据、20％噪声数据和 30％噪声数据。在引入噪声数据的过程中，训练集中每个类中都有一定比例的实例与原始标签不同，其中比例为 10％、20％、30％。

表 11.4 显示了不同实验设置下不同方法在测试集上的结果。结果表明，在表中的噪声数据下，与最先进的方法相比，DTGNS 极大地提高了性能。随着噪声比例的增加，所提出的 DTGNS 提高了开放类的性能，而已知类的 F1（Known）几乎没有变化，这表明所提出的方法具有良好的潜力。相反，后处理方法（如 DOC、DeepUnk 和 ADB）对噪声敏感，尤其是 DOC 的性能最差。原因是编码的特征引入了噪声。这些结果表明，与嘈杂场景中的基线相比，本章的方法更加稳定。

表 11.4　50％的已知类比例下在 FewRel 数据上的实验结果（％）

| 噪声比例 | 方法 | Known | Open | Acc | Overall |
|---|---|---|---|---|---|
| 10％ | MSP | 72.77 | 41.84 | 58.50 | 72.02 |
| | OpenMax | 72.86 | 42.57 | 58.77 | 72.12 |
| | DOC | 68.19 | 5.07 | 46.93 | 66.65 |
| | DeepUnk | 72.48 | 52.42 | 61.98 | 71.99 |
| | ADB | 72.15 | 45.87 | 59.14 | 71.51 |
| | **DTGNS** | **75.32** | **70.49** | **71.70** | **75.21** |
| 20％ | MSP | 73.48 | 50.65 | 61.41 | 72.92 |
| | OpenMax | 73.53 | 51.25 | 61.66 | 72.99 |
| | DOC | 67.55 | 1.21 | 45.50 | 65.93 |
| | DeepUnk | 73.06 | 51.94 | 62.11 | 72.54 |
| | ADB | 70.97 | 39.36 | 56.30 | 70.20 |
| | **DTGNS** | **75.07** | **71.84** | **72.36** | **74.99** |
| 30％ | MSP | 73.12 | 55.75 | 63.05 | 72.70 |
| | OpenMax | 73.13 | 56.07 | 63.20 | 72.71 |
| | DOC | 67.36 | 0.00 | 45.05 | 65.72 |
| | DeepUnk | 72.59 | 49.68 | 61.09 | 72.03 |
| | ADB | 70.62 | 37.88 | 55.68 | 69.83 |
| | **DTGNS** | **74.03** | **73.03** | **72.68** | **74.00** |

### 3. 标注数据的影响

为了研究标注数据的影响,FewRel 训练集中的标注数据在已知 50％ 的类别比例下,0.2、0.4、0.6、0.8、1.0 标注比例下进行实验。使用 Acc 作为评分,结果如图 11.3 所示。结果表明,DTGNS 在所有设定条件下均优于所有基线,且在不同标记比例下均保持稳定。即使在标注数据较少的情况下,该方法也具有良好的鲁棒性。

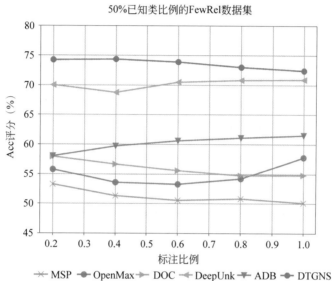

图 11.3　在 50％ 已知类比例的 FewRel 数据集上的结果(见彩插)

其次,基于统计的后处理方法(如 OpenMax 和 DOC)的准确性随着标记比例的变化而显著波动。一个直观的原因是基于统计的方法对标记数据的数量和分布过于敏感。此外,与本章相同的基于阈值的方法(MSP)性能很差,远不如本章的方法。这可能是因为固定阈值不能很好地适应开放场景中的所有测试样本。

### 4. 关系表示的可视化

为了直观地表明 DTGNS 抽取出的关系表示更好,使用 t-SNE[187] 通过降维将高维关系表示可视化。可视化结果如图 11.4 所示。将随机选择的 4 种已知关系类型和 2 种随机选择的未知关系类型绘制在 FewRel 测试集中。同时,从 SemEval 测试集中随机抽取 2 种未知的关系类型,并根据它们的 ground-truth 标签对其进行着色。开放类用灰色和黑色表示。Known 和 Open 表示测试两个测试集的所有实例。注意,模型是在已知关系为 50％ 的情况下在 FewRel 上训练的。8 种可视化的关系表示包括 FewRel 中的已知关系及 SemEval 和 FewRel 中的未知关系。

已知：75.67%，开放：82.03%

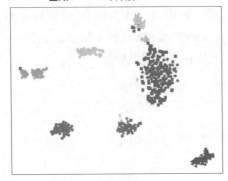

(a) DTGNS

已知：70.41%，开放：58.61%

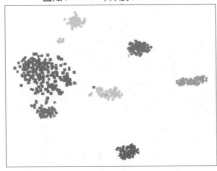

(b) ADB

已知：73.41%，开放：81.75%

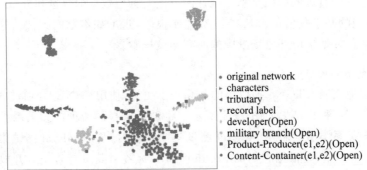

- original network
- characters
- tributary
- record label
- developer(Open)
- military branch(Open)
- Product-Producer(e1,e2)(Open)
- Content-Container(e1,e2)(Open)

(c) DeepUnk

图 11.4　关系表示的可视化（见彩插）

图 11.4 可以说明,与其他两个基线相比,DTGNS 在区分不同的已知关系及区分已知和未知类方面做得更好。在 SemEval 数据集中,由于两个数据集的领域差异,所有方法都不能很好地学习可区分表示。在 FewRel 数据集上,DTGNS 和 ADB 都能很好地区分未知类,表明该模型能有效地抽取未知关系实例的表示。但是,本章的模型的性能要优于 ADB,这是因为 ADB 无法处理一些具有复杂边界的类,而本章提出的动态阈值可以更好地在样本级别检测。

## 11.5 本章小结

本章提出了一种端到端的开放式关系检测方法,这是一种与样本相关的动态阈值方法,用于检测开放类。同时,通过在训练中引入生成的负样本,使阈值适应复杂且未知的类分布。该方法只需要已知的类样本进行训练,不需要任何真实的负样本。在两个基准数据集上的大量实验表明,本章的方法明显优于目前最先进的其他方法,并且对于有噪声的数据和较少标记的数据具有更强的鲁棒性。

# 第 12 章　基于自加权损失的开放关系抽取

## 12.1　概　　述

第 11 章引入了开放关系检测的概念,但是检测的新关系都被视为一个开放类。为了发现具体的关系类别,需要引入开放关系抽取(open relation extraction,OpenRE)。OpenRE 的目的是发现开放领域语料库上的关系事实。与传统的关系抽取(relation extraction,RE)不同,OpenRE 能够抽取具有新关系类型的三元组。

先前的开放关系抽取工作利用从标记数据中学习到的关系语义知识来聚类无标记的关系实例。然而,这些知识通常没有被充分利用,而且在转移到另一个领域时表现得很差。实际上,可以通过引入现有的已知关系实例(标记数据)来获取关系语义知识,以指导未知的关系实例(未标记数据)进行更好的聚类,如图 12.1 所示。在这种情况下,关键是学习知识的有效获取和转移。为此,本章提出了一种基于自加权损失的半监督学习框架用于开放关系抽取。如图 12.2 所示,该框架首先使用 BERT 作为实例编码器来抽取已

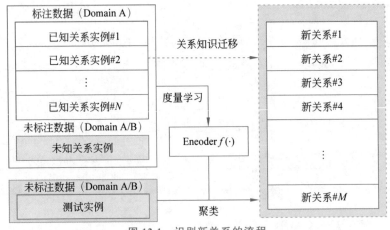

图 12.1　识别新关系的流程

知关系实例的关系表示。为挖掘隐含语义知识提出了一种成对的自加权损失,它利用自调整梯度来加权关系实例以挖掘其中的语义信息。然后,从未知关系实例中抽取的关系表示进行 k-means 聚类,并使用伪标签优化模型,交替执行聚类和度量学习。通过聚类进行的无监督学习类似于 DeepCluster[103],但本章的方法利用深度度量损失来训练没有分类器的模型。此外,本章的方法只需要知道实例对是否属于同一类,这样就避免了每轮(epoch)训练中伪标签的不匹配。

## 12.2 任 务 定 义

OpenRE 的定义形式化如下:给定一组未标记的关系实例 $X^u = \{(x_i, h_i, t_i)\}_{i=1}^N$。其中: $x_i$ 是一个句子; $(h_i, t_i)$ 是 $x_i$ 中的一对命名实体。OpenRE 模型需要正确分组这些实例中实体对的底层语义关系。在半监督场景下,可以利用高质量标记数据中隐含的知识 $X^l = \{(x_i, h_i, t_i)\}_{i=1}^M$ 来提高模型性能。监督数据 $X^l$ 与 $X^u$ 的标签空间不相交,并且可能与 $X^u$ 的语料库域不同。

## 12.3 基于自加权损失的半监督学习框架

在本节中,将详细描述所提出方法 SemiORE 的框架。如图 12.2 所示,BERT 用于抽取关系表示。然后,使用已知的关系实例对编码器进行深度度量学习的预训练,使模型有效地学习关系语义知识。最后,该框架交替地对未知关系实例执行聚类和度量学习,以学习聚类友好的特征表示。

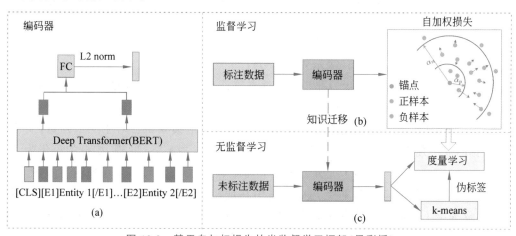

图 12.2 基于自加权损失的半监督学习框架(见彩插)

### 12.3.1　关系表示抽取模块

OpenRE 的关键是获得更好的关系语义表示。使用 BERT 对实体对和上下文信息进行编码,以得到关系表示。给定一个句子 $x = [w_1, w_2, \cdots, w_{|x|}]$ 和一对实体(E1,E2),本章遵循 Soares 等[88]用 4 个保留字片段对 $x$ 进行扩充,以标记句子中提到的每个实体的开始和结束。如图 12.2(a)所示,新的令牌序列被输入 BERT 而不是 $x$。为了得到两个实体之间的最终关系表示,将 E1 和 E2 的位置对应的输出连接起来,然后映射到一个高维隐藏表示 $h \in \mathbb{R}^{d_h}$,$h$ 的计算公式为

$$h = W[h_{[E1]}; h_{[E2]}] + b \tag{12-1}$$

其中:$W \in \mathbb{R}^{2d_h \times d_h}$ 和 $b \in \mathbb{R}^{d_h}$ 是可训练的参数;$f(\cdot)$ 表示实例编码器。

归一化关系表示 $\|f(\cdot)\|$ 用于模型优化。

### 12.3.2　基于深度度量学习的知识迁移

受前人关于深度度量学习(deep metric learning,DML)工作[87,111]的启发,将 DML 用于预训练编码器以获取丰富的关系语义知识,其中一种新的基于对的自加权损失被提出用于优化语义嵌入空间。

对于输入批次中的每个样本,属于同一类的样本对被视为正样本对,不同类的样本对被视为负样本对。本节的目标是设计一个特征抽取器 $f$,使得特征空间中正样本对之间的相似性高于负样本对。每个类中至少存在两个实例,以便评估所有类。为了实现上述目标,把模型选择成对边际损失[188]作为学习关系表示的约束。给定一个实例 $x$,目标是将负样本推到边界 $\alpha_n$ 之外,同时将正样本拉得比另一个边界 $\alpha_p$ 更近。对应公式为

$$\mathcal{L}_m(x_i, x_j) = (1 - y_{ij})[\alpha_p - s_{ij}]_+ + y_{ij}[s_{ij} - \alpha_p]_+ \tag{12-2}$$

其中:如果 $y_i = y_j$,则 $y_{ij} = 1$,否则 $y_{ij} = 0$;$s_{ij} = \|\|f(x_i)\| - \|f(x_j)\|\|_2$,是两个实例之间的欧几里得距离;$[\cdot]_+$ 表示铰链函数。

基于非平凡样本的自加权。非平凡数据点是具有非零损失的特殊信息实例。挖掘信息实例已被广泛采用,因为可以实现快速收敛和良好的性能[111,189-191]。

挖掘出的非平凡实例可用于学习实例之间的关系语义知识。对于一个锚点(实例)$x_i$,挖掘的非平凡正集表示为 $P_i = \{x_j | i \neq j, y_i = y_j, s_{ij} > \alpha_p\}$。同理,挖掘的负集为 $N_i = \{x_j | y_i \neq y_j, s_{ij} < \alpha_n\}$。为了充分利用非平凡样本集,损失函数需要考虑这些非平凡样本与其边界之间的距离及与非平凡样本集中其他样本的相对距离,如图 12.2(b)所示。所以本章提出了一种基于对的自加权损失(pair-based self-weighting loss,PSW):

$$\mathcal{L}_S = \mathcal{L}_P + \mathcal{L}_N$$

$$\mathcal{L}_{\mathrm{P}} = \ln\Big[\sum_{i=1}^{B_1} \exp(\gamma[s_i^p - \alpha_p]_+^2)\Big]$$

$$\mathcal{L}_{\mathrm{N}} = \ln\Big[\sum_{i=1}^{B_2} \exp(\gamma[\alpha_n - s_i^n]_+^2)\Big] \tag{12-3}$$

其中：$s_i^n \in N_i$ 和 $s_i^p \in p_i$ 分别是正样本对和负样本对；$B_1$ 和 $B_2$ 是非平凡样本集的大小；$\gamma > 0$，是标量温度参数。

关于模型参数的导数可以计算为

$$\frac{\partial \mathcal{L}_{\mathrm{S}}}{\partial \theta} = \sum_{i=1}^{m} \frac{\partial \mathcal{L}_{\mathrm{S}}}{\partial s_i} \frac{\partial s_i}{\partial \theta} \tag{12-4}$$

其中：$m$ 是批次的大小；$\dfrac{\partial \mathcal{L}_{\mathrm{S}}}{\partial s_i}$ 可以认为是一个没有参与 $\theta$ 的梯度计算的常数标量。$\dfrac{\partial \mathcal{L}_{\mathrm{S}}}{\partial s_i}$ 被视为 $\dfrac{\partial s_i}{\partial \theta}$ 的权重并重写为

$$\mathcal{L}_{\mathrm{S}} = \sum_{i=1}^{m} \boldsymbol{w}_i \boldsymbol{s}_i \tag{12-5}$$

其中：$w_i = \dfrac{\partial \mathcal{L}_{\mathrm{S}}}{\partial s_i}$。从公式（12-3）可知 $s_i \in N_i \bigcup P_i$。非平凡正样本对的权重 $w_i$ 可以进一步分析：

$$\frac{\partial \mathcal{L}_{\mathrm{S}}}{\partial s_i^p} = \frac{\partial \mathcal{L}_{\mathrm{P}}}{\partial s_i^p} = \frac{2\gamma[s_i^p - \alpha_p]_+}{\sum_{j=1}^{m} \exp(\gamma([s_j^p - \alpha_p]_+^2 - [s_i^p - \alpha_p]_+^2))} \tag{12-6}$$

公式（12-6）证明正样本对的权重不仅由 $[s_i - \alpha_p]_+$ 确定，而且还受其他非平凡样本的影响。当 $s_i$ 接近边界 $\alpha_p$ 时，样本对的权重会减小，反之则会增加。此外，当其他非平凡样本比锚点更近时，$([s_j^p - \alpha_p]_+^2 - [s_i^p - \alpha_p]_+^2) < 0$ 会增加指数缩放后的整体影响，使模型专注于优化此类样本。最重要的是，不同样本之间的损失权重可以自动生成，可以灵活地用于挖掘那些具有代表性的样本，使得模型能够有效地学习群体友好的特征表示。

### 12.3.3　基于聚类的开放关系发现

从已知关系中转移知识后，聚类方法用于从未标记的数据中发现新的关系。受 DeepCluster[103] 的启发，编码器可以生成结构化输出作为特征学习的弱监督信号。具体来说，编码器首先抽取未标记数据的关系表示。对于给定的未标记训练数据 $X^u = \{(x_i, h_i, t_i)\}_{i=1}^{N}$，使用 BERT 获得每个样本的关系表示：

$$\langle \boldsymbol{h}_i^u \rangle_{i=1}^{N} = f(X^u) \tag{12-7}$$

其中：$f(\cdot)$ 是公式(12-1)中引入的编码器；$h_i^u$ 是第 $i$ 个样本的关系表示。

然后，标准的聚类算法 k-means，在未标记数据的关系表示的基础上，得到每个样本的伪标签 $y^u$：

$$\{y_i^u\}_{i=1}^{M} = \text{k-means}(\{h_i^u\}_{i=1}^{M}) \tag{12-8}$$

最后，伪标签用于训练编码器以更新关系表示，其中 PSW 损失用于优化未标记数据的语义嵌入空间。在模型测试期间，通过 k-means 对抽取的关系表示进行聚类，以发现测试数据上的新关系。

## 12.4　实验与分析

本节将评估所提出的方法的有效性，设计并在 3 个公开关系抽取数据集上进行实验。

### 12.4.1　数据集

**FewRel**：FewRel 数据集[18]之前在第 4 章中使用过，它包含 80 种类型的关系，每种关系有 700 个实例，数据语料库来自维基百科。根据 Wu 等[86]对 FewRel 的实验设置，将 FewRel 的原始训练集 64 个类作为已知关系的标注训练数据，将 FewRel 的原始验证集 16 个新关系作为未标注的具有新关系的数据提取，其中包括从无标记集合中随机选择的 1600 个实例，其余数据视为无标记训练数据。

**FewRel 2.0**：FewRel 2.0 数据集[98]包含 10 种类型的关系，每种关系都有 100 个实例，数据语料库来自 PubMed。从原始验证集中随机选取 500 个实例作为需要抽取的具有新关系的测试集，其余作为未标记的训练数据。

**CPR**：CPR 数据集[192]包含化学成分和人类蛋白质之间的关系，数据语料库来自 PubMed 摘要。实验使用数据预处理后的数据集[193]，即将每个摘要分割成句子，只保留至少含有化学成分和蛋白质成分的句子。将原训练集、验证集和测试集合并得到 40 406 个实例，有 5 个规则关系，如 CPR:3、CPR:9 和 None 关系。None 关系被移除，随机选择 1600 个实例作为测试集，其余的实例作为未标记的训练集。

### 12.4.2　评价指标

在评估中，使用 B³ 指标[194]作为评分函数。B³ 指标是平衡聚类任务的准确率和召回率的标准指标，在之前的 OpenRE 工作中经常使用[86,87,195,196]。其中，B³ 的 F1-score 得分是准确率和召回率的调和均值。

### 12.4.3　基线模型

通过聚类它们的语言特征或强加重构约束的姿态，最近的一些基于深度学习的方法取得了最新的性能,并明显优于传统方法。为了证明所提方法的有效性,本章将所提出的模型与几种基于深度学习的方法进行了比较。方法如下所示。

**RSN**[86]:RSN 是一种有监督的开放关系抽取框架。它利用连体网络结构从标记的数据中学习关系的相似性。同时,采用条件熵最小化和虚拟对抗训练两种半监督学习方法进一步利用无标记数据。该模型可以根据未标记数据的关系相似度结果对关系实例进行聚类。

**SelfORE**[196]:SelfORE 是一个无监督的开放关系抽取框架。它利用一个大型的预训练语言模型来抽取关系表示,并使用自适应聚类来获取伪标签。利用伪标签分类器对抽取的特征进行改进,通过迭代获得更好的聚类性能。

**ODC**[104]:ODC 是一个在线集群框架,同时执行集群和网络更新,而不是迭代的,所以训练过程更加稳定。ODC 最初用于图像。其模型特征抽取器被替换为本章提出的特征抽取器抽取开放关系。

**MORE**[87]:MORE 是一个基于度量学习的框架,它使用深度度量学习获取有标签数据中丰富的监督信号,直接驱动学习语义关系表示的模型。

### 12.4.4　参数设置和训练细节

预训练 BERT 模型用作句子编码器,并采用其默认的超参数设置。BertAdam[20] 被用作优化器来优化本章的模型。训练子集大小为 64,学习率为 1e-5,标定温度设置为 50,正边距 $p$ 为 0.7,负边距 $n$ 为 1.4。训练时采用 warm up 策略,warm up 比例设为 0.1。为公平比较 k-means 中的簇数被设置成真实类别数。

为了验证提出的方法(SemiORE)在不同领域传递知识的能力,FewRel 的标记训练集也被视为 FewRel 2.0 和 CPR 的标记训练集。大多数参数是在未标记的训练集上确定的。实验将评估测试集的性能,并报告使用不同随机种子进行 5 次实验的平均结果。

### 12.4.5　结果和讨论

为了进一步说明该模型可以在标记数据中学习到丰富的关系语义知识,报告了 SemiORE(w/o UL)的性能,这表明该模型没有针对无监督训练进行训练。表 12.1 显示了所提出的方法和基线方法在 3 个数据集上的比较结果,其中前 4 种方法是基线。w/o UL 表示该模型未接受无监督学习训练。从表 12.1 中可以得出以下结论。

(1)SemiORE 在 3 个数据集上的精度、召回率和 F1-score 分数上优于基线方法。这表明 SemiORE 可以有效地学习关系语义知识并发现新的关系。

表 12.1　不同方法在 3 个数据集上的结果（%）

| 方　　法 | FewRel | | | FewRel 2.0 | | | CPR | | |
|---|---|---|---|---|---|---|---|---|---|
| | Precision | Recall | F1-score | Precision | Recall | F1-score | Precision | Recall | F1-score |
| RSN | 51.8 | 71.1 | 59.9 | 24.8 | 40.9 | 30.9 | 37.1 | 33.5 | 35.2 |
| SelfORE | 58.1 | 59.0 | 58.5 | 32.1 | 60.2 | 41.9 | 38.0 | 25.7 | 30.4 |
| ODC | 53.4 | 62.7 | 57.7 | 35.9 | 60.0 | 44.9 | 40.4 | 30.2 | 34.6 |
| MORE | 70.1 | 79.6 | 74.5 | 69.1 | 73.1 | 71.0 | 40.4 | 29.8 | 34.3 |
| **SemiORE（Our）** | **75.8** | **80.7** | **77.5** | **75.7** | **80.7** | **78.2** | **46.7** | **34.1** | **39.4** |
| SemiORE（w/o UL） | 72.1 | 79.3 | 75.5 | 60.6 | 64.3 | 62.4 | 42.0 | 31.8 | 36.2 |

（2）在 FewRel 数据集上，SemiORE 的 F1-score 比 MORE 提高了 3%，这表明半监督训练可以有效地转移标记数据中固有的知识，提高开放关系抽取的性能。与 SemiORE（w/o UL）和 MORE 相比，我们所提出的方法仅使用标记的训练数据就可以达到最佳性能，这显示了本章的方法学习关系语义知识具有优势。

（3）FewRel 2.0 上，SemiORE 方法在性能上明显优于所有其他基线方法。尽管 FewRel 2.0 数据集的标注训练数据与监督训练中的 FewRel 数据集的标注训练数据虽然来自不同的域，但 SemiORE 方法仍能在 FewRel 2.0 上达到最佳性能。这表明 SemiORE 方法具有强大的知识域迁移能力，可以在不同域之间迁移和应用知识，从而在 FewRel 2.0 数据集上获得优越的性能表现。

（4）相比之下，SemiORE 在 CPR 上的 F1-score 与最佳基线 MORE 相比提高了 5.1%。CPR 的域与 FewRel 2.0 的域相似，但 FewRel 的域与 CPR 的区别更大。当 MORE 只使用训练标记数据时，它并不能很好地适应这种场景，但所提出的方法仍然比 SemiORE（w/o UL）提高了 3.2%。实验结果表明，SemiORE 可以跨域传递知识，并使用标记数据中的关系语义知识来提高低资源域中的开放关系抽取性能。

**1. 不同度量损失的比较**

为了说明 PSW 损失函数的优势，本章将所提出的方法与几种最先进的度量损失进行了比较，分别是 NCA[197]、Cosface[108]、RLL[109]、ProxyAnchor[110] 和 Circle[111]。在本章提出的方法中，只将损失函数替换为差分度量损失，观察不同损失函数的性能。

表 12.2 给出了不同损失函数的比较结果，其中 PSW 表示本章提出的基于对的自加权损失函数。从中观察到，不同的损失函数对模型的影响是显著的。特别是在跨域设置中，这一点更加明显。结果表明，不同的损失函数会影响语义关系表示学习，因此该模型表现出不同的性能。一些类似于 PSW 的竞争损失函数是基于样本对的。使用 RLL 和

Circle 损失函数可使 B³ 的 F1-score 分别达到 76.2％和 75.8％。结合表 12.1 可以看出，这些结果都高于最佳基线，说明应用基于对的度量损失函数可以使模型更好地学习关系语义知识。实验结果表明，提出的损失函数在开放关系抽取中取得了最佳的性能，证明了本章设计的损失函数的有效性。

表 12.2　在 3 个数据集上不同度量损失的结果（%）

| 损失函数 | FewRel | | | FewRel 2.0 | | | CPR | | |
| --- | --- | --- | --- | --- | --- | --- | --- | --- | --- |
| | Precision | Recall | F1-score | Precision | Recall | F1-score | Precision | Recall | F1-score |
| NCA | 59.0 | 77.3 | 67.0 | 66.6 | 70.1 | 68.3 | 32.2 | 36.4 | 28.8 |
| Cosface | 72.2 | 74.7 | 73.4 | 70.9 | 75.6 | 73.2 | 34.0 | 40.6 | 29.3 |
| ProxyAnchor | 64.0 | 76.6 | 69.7 | 63.0 | 64.5 | 63.8 | 33.3 | 36.9 | 30.4 |
| RLL | 73.4 | 80.3 | 76.2 | 74.6 | 78.4 | 76.5 | 40.2 | 43.4 | 38.4 |
| Circle | 71.7 | 80.4 | 75.8 | 77.6 | 77.7 | 77.6 | 35.5 | 41.2 | 31.1 |
| **PSW（Our）** | **75.8** | **80.7** | **77.5** | **75.7** | **80.7** | **78.2** | **46.7** | **34.1** | **39.4** |

**2. 温度参数的影响**

根据公式(12-6)可知，不同的温度参数对非平凡样本持有不同的权重。因此，温度参数的影响被评估为模型性能的损失。表 12.3 显示了将温度参数从 10 增加到 70 的结果。从中可以看出，当温度参数从 30 开始增加时，模型的 F1-score 先增大后减小。当温度参数设置为 70 时，该模型的性能最差，这表明过大的参数会损害模型学习关系语义知识的能力。此外，在不同温度参数下发现新关系的性能相对稳定，这进一步表明模型对超参数不敏感。

表 12.3　FewRel 数据集上不同温度参数的结果（%）

| 温度参数/℃ | FewRel | | |
| --- | --- | --- | --- |
| | Precision | Recall | F1-score |
| 10 | 70.1 | 78.4 | 74.0 |
| 20 | 71.3 | 80.3 | 75.5 |
| 30 | 63.8 | 79.9 | 71.0 |
| 40 | 72.4 | 81.7 | 76.8 |
| 50 | 75.8 | 80.7 | 77.5 |
| 60 | 71.6 | 79.5 | 75.4 |
| 70 | 67.8 | 81.1 | 73.9 |

### 3. 已知关系多样性的影响

实验中,标记训练集中的关系数由 16 个逐渐增加到 64 个,以分析已知关系数的影响。结果如图 12.3 所示。

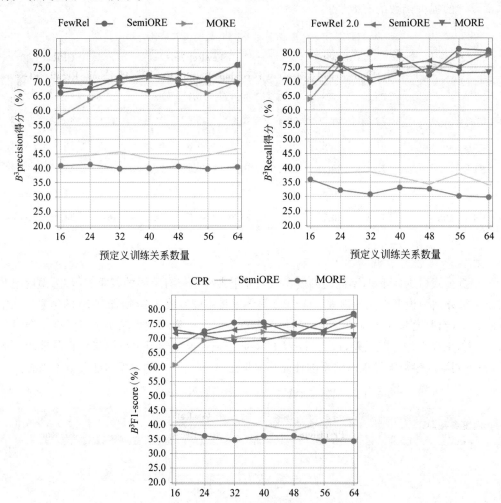

图 12.3　预定义训练关系的数量对 3 个数据集的影响

对于 FewRel 数据集,由于标记数据和未标记数据在同一个域中,PSW 对已知关系的数量并不敏感,总是优于 PSW(w/o UL)。但是,MORE 比 PSW 有更明显的波动,说明本章方法对于不同已知关系数的训练更稳定。此外,在 FewRel 2.0 数据集上,虽然测试数据域与 FewRel 不同,但大多数 PSW F1-score 显著优于 MORE,这表明 PSW 在有限标记数据上也能稳定地执行和提高跨域迁移知识。对于 CPR 数据集,PSW 和 MORE 的性能没有随着关系数量的增加而发生显著变化。PSW 的波动较大,在已知关系数为 32 时达到最大值。一个直观的解释是,适当数量的已知关系可以充分训练,以更有效地将知识转移到不同领域的未标记数据。但是,由于对标注的数据训练不足,已知的关系太多,对抽取新的关系并不是很有帮助。

**4. 可视化关系表示**

为了直观地表明提出的方法抽取了更好的关系表示,本章使用 t-SNE[187] 通过降维来可视化高维关系表示。可视化结果如图 12.4 所示。本章绘制了 FewRel 测试集中 8 个随机选择的关系类型的所有关系实例,这些实例根据它们的真实标签对点进行着色。

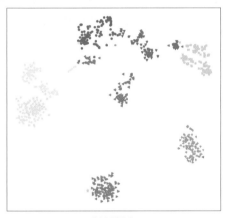

(a) MORE

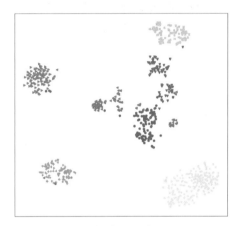

(b) SemiORE(w/o UL)

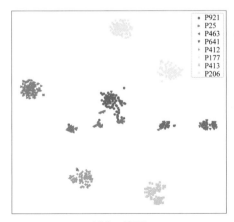

(c) SemiORE

图 12.4 在 FewRel 数据集上学习的关系表示的可视化(见彩插)

从图 12.4 可以看出,MORE 可以大致区分不同的关系,而 SemiORE (w/o UL)进一步学习,可以清楚地区分不同的关系。与这两种方法相比,SemiORE 学习的表示在类内更紧凑,类与类之间更可分离。结果表明,提出方法能够学习到聚类友好的表示。

## 12.5　本章小结

本章提出了一种新的开放关系抽取任务的半监督学习方法,是一种基于对的自加权损失来有效地学习特征表示。此外,设计了良好的半监督学习框架可以更好地转移标记数据中的关系语义知识,从而指导不同领域的聚类。在 3 个基准数据集上的实验表明,本章的方法显著改进了目前的技术水平,并在跨域场景中显示了强大的潜力。未来,笔者将继续研究跨领域开放关系抽取并与持续学习相结合,以获取不断增长的知识。

# 第 13 章　基于一致性表示学习的持续关系抽取

## 13.1　概　　述

第 12 章的开放关系抽取可以发现具体的新关系,为了使传统的关系抽取模型(如第 3 篇的关系分类模型)能够对新关系进行分类或抽取,需要扩充数据集并且重新训练,但这将会导致很大的训练开销。因此,这种传统的关系抽取模型受限于一组固定的预定义关系并在固定数据集上进行训练,无法很好地处理现实生活中不断增长的新关系类型。

为了解决这种情况,一些工作引入了持续关系抽取(continual relation extraction, CRE)。与传统的关系抽取相比,CRE 旨在帮助模型学习新关系,同时保持对旧关系的准确分类。Wang 等所著的文献[124]表明,当模型学习新任务时,持续关系学习需要减轻对旧任务的灾难性遗忘。因为神经网络每次训练都需要重新训练一组固定的参数,所以解决灾难性遗忘问题的最有效方法是存储所有历史数据,并在每次出现新的关系实例时使用所有数据重新训练模型。这种方法在持续关系学习中可以达到最好的效果,但由于时间和计算能力的成本,在现实生活中并没有采用。

近年来,基于记忆的持续关系抽取模型在缓解灾难性遗忘问题方面取得了显著进展。但是,这些方法会随着新任务不断学习分类器而对旧任务的分类产生偏差,从而影响旧任务的性能。上述方法虽然可以在一定程度上缓解了灾难性遗忘,但并未考虑关系嵌入空间的一致性。因为 CRE 模型的性能对样本嵌入的质量很敏感,所以需要保证新任务的学习不会破坏旧任务的嵌入。受监督对比学习[130]的启发,明确约束数据嵌入,本章提出了一种用于持续关系抽取的一致表示学习方法,该方法通过监督对比学习和"知识蒸馏"来约束旧任务的嵌入,不会发生显著变化。具体来说,实例编码器首先通过基于记忆库的有监督对比学习对当前任务数据进行训练,然后在训练完成后使用 k-means 选择具有代表性的样本作为记忆进行存储。为了减轻灾难性遗忘,对比重放用于训练记忆样本。同时,为保证历史关系的向量表示不发生显著变化,通过知识蒸馏使新旧任务的嵌入分布保持一致。在测试阶段,使用最近类均值(NCM)分类器对测试样本进行分类,不受分类器偏差的影响。

# 13.2　任 务 定 义

在持续关系抽取中，给定一系列 $K$ 个任务 $\{T_1, T_2, \cdots, T_K\}$，其中第 $k$ 个任务有自己的训练集 $D_k$ 和关系集 $R_k$。每个任务 $T_k$ 是一个传统的监督分类任务，包括一系列实例及其对应的标签 $\{(x_i, y_i)\}_{i=1}^N$，其中：$x_i$ 是输入数据，包括自然语言文本和实体对；$y_i \in R_k$ 是关系标签。持续关系学习的目标是训练模型，该模型在不断学习新任务的同时避免灾难性地忘记以前的学习任务。换句话说，在学习了第 $k$ 个任务之后，模型可以将给定实体对的关系识别为 $\hat{R}_k$，其中 $\hat{R}_k = \bigcup\limits_{i=1}^{k} R_i$ 是在第 $k$ 个任务之前已经观察到的关系集。

为了减轻持续关系抽取中的灾难性遗忘，在之前的文献[124,198,199]中使用了情景记忆模块来存储历史任务中的小样本，这在持续关系抽取中取得了显著的效果。本章采用基于记忆的方法来解决灾难性遗忘问题，为每个关系存储了几个代表性样本。因此，$T_1 \sim T_k$ 中观察到的关系的情节记忆模块是 $\hat{M}_k = \bigcup\limits_{r \in \hat{R}_k} M_r$，其中：$M_r = \{(x_i, y_i)\}_{i=1}^{O}$；$r$ 代表一个确定的关系；$O$ 是样本数（内存大小）。

# 13.3　一致性表示学习方法

当前任务中的一致性表示学习（consistent representation learning，CRL）在算法 13.1 中进行了描述，该算法包括 3 个主要步骤。

---

**算法 13.1 当前任务 $T_k$ 的训练过程**

---

**输入**：第 $k$ 个任务的训练集 $D_k$，编码器 $\mathbf{E}$，投影头 Proj，历史记忆库 $M_{k-1}$，当前关系集 $R_k$，历史关系集 $\hat{R}_{k-1}$

**输出**：编码器 $\mathbf{E}$，记忆库 $M_k$，历史关系集 $\hat{R}_k$

1：　**if** $T_k$ 不是第一个任务 **then**
2：　　通过编码器 $\mathbf{E}$ 获取历史记忆 $M_{k-1}$ 中的记忆知识；
3：　**end if**
4：　$M_b \leftarrow \mathbf{E}(D_k)$
5：　**for** $i \leftarrow 1$ to epoch$_1$ **do**
6：　　**for** each $x_j \in D_k$ **do**
7：　　　从 $M_b$ 中采样；
8：　　　通过 $\nabla L_{CL}$ 更新 $\mathbf{E}$ 和 Proj 的参数；
9：　　　更新 $M_b$；

10：　　　**end for**

11：**end for**

12：从 $D_k$ 中选择代表性样本存储到 $\hat{M}$ 中；

13：$M_k \leftarrow M_{k-1} \bigcup \hat{M}$；

14：$\hat{R}_k \leftarrow \hat{R}_{k-1} \bigcup R_k$；

15：**if** $T_k$ 不是第一个任务 **then**

16：$M_b \leftarrow \mathbf{E}(M_k)$；

17：**for** $i \leftarrow 1$ to epoch$_2$ **do**

18：　　**for each** $x_j \in M_k$ **do**

19：　　　从 $M_b$ 中采样；

20：　　　通过 $\nabla L_{CR}$ 和 $\nabla L_{KL}$ 更新 **E** 和 Proj 的参数；

21：　　　更新 $M_b$；

22：　　**end for**

23：**end for**

24：从 $D_k$ 选择代表性样本存储到 $\hat{M}$ 中；

25：$M_k \leftarrow M_{k-1} \bigcup \hat{M}$；

26：**end if**

27：**return E**，$M_k$，$\hat{R}_k$

---

（1）新任务的初始训练（第 4~11 行）：编码器和投影头的参数在 $D_k$ 中的训练样本上通过监督对比学习进行训练。

（2）样本选择（第 12 和第 13 行）：对于每个关系 $r \in R_k$，从 $D_k$ 中检索所有标记为 $r$ 的样本。然后，使用 k-means 算法对样本进行聚类，选择离中心最近的样本的关系表示并将其存储在每个簇的内存中。

（3）一致性表示学习（第 15~24 行）：为了在学习新任务后保持历史关系在空间中的嵌入一致，对内存中的样本进行对比重放和知识蒸馏约束。

### 13.3.1　编码器

CRE 的关键是获得更好的关系表示。本节用 BERT 对实体对和上下文信息进行编码以获得关系表示。给定一个句子 $x = [w_1, w_2, \cdots, w_{|x|}]$ 和一对实体(E1，E2)，通过 5.3.1 节的方式用 4 个保留字片段增加 $x$ 以标记句子中提到的每个实体的开始和结束。新的令牌序列被输入 BERT 而不是 $x$。为了得到两个实体之间的最终关系表示，将 E1 和 E2 的位置对应的输出连接起来，然后将其映射到一个高维隐藏表示 $h \in \mathbb{R}^{d_h}$，公式如下。

$$h = W[h_{[E1]}; h_{[E2]}] + b \tag{13-1}$$

其中：$W \in \mathbb{R}^{2d_h \times d_h}$ 和 $b \in \mathbb{R}^{d_h}$ 是可训练的参数。上述编码语句为关系表示的编码器，记为 $E$。

然后，使用投影头 Proj 来获得低维嵌入，公式为

$$\tilde{z} = \mathrm{Proj}(h) \tag{13-2}$$

其中：$\mathrm{Proj}() = \mathrm{MLP}()$，由两层神经网络组成；归一化嵌入 $z = \tilde{z} / ||\tilde{z}||$，用于对比学习，隐藏表示用于分类。

### 13.3.2 新任务的初始训练

在对每个新任务 $T_k$ 进行训练之前，首先使用 encoder 抽取 $D_k$ 中每个句子的关系表示的嵌入 $\tilde{z}$，并使用它们作为初始化的临时记忆 $M_b$：

$$M_b \leftarrow \{z_i\}_{i=1}^N \tag{13-3}$$

在训练开始时，对每批 $B$ 进行关系表示抽取。然后数据嵌入通过监督对比学习[130]的聚类受到显式约束，其公式为

$$\mathcal{L}_{\mathrm{CL}} = \sum_{i \in I} \frac{-1}{|P(i)|} \sum_{p \in P(i)} \log \frac{\exp(z_i \cdot z_p / \tau)}{\sum_{j \in S_I} \exp(z_i \cdot z_j / \tau)} \tag{13-4}$$

其中：$I = \{1, 2, \cdots, |B|\}$ 是 $B$ 的索引集；$S_I$ 表示来自 $M_b$ 的随机抽样部分样本的索引集；$P(i) = \{p \in S_I : y_p = y_i\}$ 是与 $M_b$ 中与 $z_i$ 标签相同的索引集，$|P(i)|$ 是它的基数；$\tau \in R^+$ 是控制类分离的可调温度参数。

在每个批次上反向传播损失梯度后，再更新记忆库中的表示：

$$M_b[\tilde{I}] \leftarrow \{z_i\}_{i=1}^{|B|} \tag{13-5}$$

其中：$\tilde{I}$ 是 $M_b$ 中这批样本对应的索引集。在 $epoch_1$ 训练集训练之后，模型可以学习到更好的关系表示。

### 13.3.3 为记忆选择代表性样本

为了使模型在学习新任务时不忘记旧任务的相关知识，需要将一些样本存储在记忆库 $M_r$ 中。受先前工作[198,199]的启发，本节使用 k-means 对每个关系进行聚类，其中聚类数是每个类需要存储的样本数。然后，为每个集群选择最接近中心的关系表示所代表的样本并将其存储在记忆库中。

### 13.3.4 一致性表示学习

学习新任务后，空间中旧关系的表示可能会发生变化。为了使编码器在学习新任务时不改变旧任务的知识，本章提出了两种重放策略来学习一致性表示以缓解这个问题：

对比重放和知识蒸馏。图 13.1 显示了一致性表示学习的主要流程。

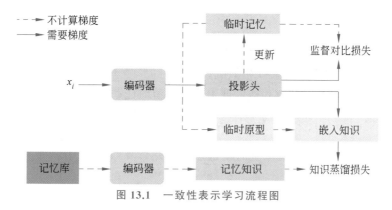

图 13.1　一致性表示学习流程图

### 1. 记忆库的对比回放

新任务学习结束后,使用新任务训练编码器,通过回放存储在记忆库 $M_k$ 中的样本来进一步训练编码器。当前任务的学习结束后,使用 13.3.2 节中的相同方法来回放存储在内存 $M_k$ 中的样本。

这里的区别在于,每一个批次使用整个记忆库中的所有样本进行对比学习,公式如下。

$$\mathcal{L}_{\mathrm{CR}} = \sum_{i \in I} \frac{-1}{|P(i)|} \sum_{p \in P(i)} \ln \frac{\exp(\boldsymbol{z}_i \cdot \boldsymbol{z}_p / \tau)}{\sum_{j \in \widetilde{S}_I} \exp(\boldsymbol{z}_i \cdot \boldsymbol{z}_j / \tau)} \tag{13-6}$$

其中:$\widetilde{S}_I$ 表示 $\widetilde{M}_b$ 中所有样本的索引集。$\widetilde{M}_b$ 是存储库,它将所有样本的归一化表示存储在 $M_k$ 中。

通过重放记忆库中的样本,编码器可以减轻对先前学习知识的遗忘,同时巩固当前任务中学习的知识。然而,对比重放允许编码器在少量样本上进行训练,这存在过度拟合的风险,也可能会改变之前任务中的关系分布。因此,本章进一步提出知识蒸馏来弥补这一不足。

### 2. 缓解遗忘的知识蒸馏

本章希望模型能够保留历史任务中关系之间的语义知识。因此,在对编码器进行任务训练之前,使用记忆库中关系之间的相似性度量作为记忆知识,然后使用知识蒸馏来缓解模型忘记这些知识。

首先对内存中的样本进行编码,然后计算每个类的原型公式为

$$\boldsymbol{p}_c = \sum_{i=1}^{O} \boldsymbol{z}_i^c \tag{13-7}$$

其中：$O$ 是内存大小的数量；$z_i^c$ 是属于 $c$ 类的关系表示。然后，计算类之间的余弦相似度来表示在内存中学到的知识：

$$a_{ij} = \frac{\boldsymbol{p}_i^{\mathrm{T}} \boldsymbol{p}_j}{\| \boldsymbol{p}_i \| \| \boldsymbol{p}_j \|} \tag{13-8}$$

其中：$a_{ij}$ 是原型 $i$ 和 $j$ 之间的余弦相似度。

在执行记忆重放时，使用 KL 散度使编码器保留旧任务的知识：

$$\mathcal{L}_{\mathrm{KL}} = \sum_i \mathrm{KL}(P_i \| Q_i) \tag{13-9}$$

其中：$P_i = \{p_{ij}\}_{j=1}^{|\hat{R}_k|}$，是训练前原型的度量分布。$p_{ij}$ 计算如下。

$$p_{ij} = \frac{\exp(a_{ij}/\tau)}{\sum_j \exp(a_{ij}/\tau)} \tag{13-10}$$

类似地，$Q_i = \{q_{ij}\}_{j=1}^{|\hat{R}_k|}$，是从临时记忆计算临时原型的度量分布，计算如公式(13-11)。

$$q_{ij} = \frac{\exp(\widetilde{a}_{ij}/\tau)}{\sum_j \exp(\widetilde{a}_{ij}/\tau)} \tag{13-11}$$

在训练期间，$\widetilde{a}$ 是内存 $M_k$ 的知识嵌入，即临时原型之间的余弦相似度。临时原型是根据内存库 $M_b$ 在每批中动态计算的。

### 13.3.5　基于类均值的预测

为了预测测试样本 $x$ 的标签，最近类均值将 $x$ 的嵌入与内存的所有原型进行比较，并分配具有最相似原型的类标签，其公式为

$$\boldsymbol{p}_c = \frac{1}{n_c} \sum_i \boldsymbol{E}(\bar{x}_i) \cdot 1\{y_i = c\} \tag{13-12}$$

$$y^* = \underset{c=1,2,\cdots,k}{\arg\min} \| f(x) - \boldsymbol{p}_c \| \tag{13-13}$$

其中：$\bar{x_i} \in M_k$ 是存储样本；$y^*$ 是预测标签。由于 NCM 分类器将测试样本的嵌入与原型进行比较，因此不需要额外的分类层。也就是说，无须任何架构修改即可添加新类。

## 13.4　实验与分析

在本节中将展示所提出的 CRL 模型在持续关系抽取任务上的性能和详细的分析结果。

### 13.4.1　数据集

相关实验是在两个基准数据集上进行的,在实验中,训练、测试、验证分割比例为 3：1：1。

**FewRel**：FewRel 数据集[18]在先前已经介绍过了,按照 Wang 所著文献[124]的实验设置,使用 FewRel 的原始训练集和有效集进行实验,其中包含 80 个类。

**TACRED**：TACRED 数据集[200]是一个大规模的关系抽取数据集,包含 42 个关系(包括 NA 关系)和 106 264 个样本,建立在新闻网站和在线文档之上。与 FewRel 相比,TACRED 中的样本是不平衡的。使用 Cui 等所著文献[199]的设置,每个关系的训练样本数限制为 320,关系的测试样本数限制为 40。

### 13.4.2　评价指标

平均准确率[198,199]可以更好地衡量灾难性遗忘的影响,因为它强调了模型在早期任务上的性能。本章通过每一步使用 $K$ 任务的平均准确率来评估模型。

### 13.4.3　基线模型

本章在两个数据集上比较了 CRL 和几个基线。

(1) EA-EMR[124]引入了记忆重放和嵌入对齐机制,以在新任务的训练过程中保持记忆并减轻嵌入失真。

(2) EMAR[198]构建了一个记忆激活和重新巩固机制来缓解 CRE 中的灾难性遗忘问题。

(3) CML[201]提出了一种课程元学习方法来缓解 CRE 中的顺序敏感性和灾难性遗忘。

(4) RP-CRE[199]通过利用关系原型细化样本嵌入来提高性能,从而有效避免灾难性遗忘。

### 13.4.4　训练细节和参数设置

此处采用关系级别的完全随机抽样策略[199]。它通过将数据集的所有关系随机划分为 10 个集合来模拟 10 个任务。

为了公平比较,实验的随机种子设置与 RP-CRE[199]中的种子相同,从而使任务序列完全相同。需要注意的是,本章复现的模型 RP-CRE† 和 CRL 使用严格相同的实验环境。

### 13.4.5 结果和讨论

表 13.1 显示了在两个数据集上比较的建议方法和基线方法的结果，其中 RP-CRE[†] 在相同条件下基于开源代码进行了复现。此外，还对知识蒸馏和对比重放进行了消融实验，以探究它们对一致性表示学习的贡献。CRL（w/o KL）和 CRL（w/o CR）分别指重放时去除知识蒸馏损失 $\mathcal{L}_{KL}$ 和对比重放损失 $\mathcal{L}_{CR}$。从表 13.1 中可以得出以下结论。

表 13.1  在学习当前任务所有关系（将随着时间的推移持续累积）的准确度

| Model | FewRel | | | | | | | | | |
|---|---|---|---|---|---|---|---|---|---|---|
| | T1 | T2 | T3 | T4 | T5 | T6 | T7 | T8 | T9 | T10 |
| EA-EMR | 89.0 | 69.0 | 59.1 | 54.2 | 47.8 | 46.1 | 43.1 | 40.7 | 38.6 | 35.2 |
| EMAR | 88.5 | 73.2 | 66.6 | 63.8 | 55.8 | 54.3 | 52.9 | 50.9 | 48.8 | 46.3 |
| CML | 91.2 | 74.8 | 68.2 | 58.2 | 53.7 | 50.4 | 47.8 | 44.4 | 43.1 | 39.7 |
| EMAR+BERT | **98.8** | 89.1 | 89.5 | 85.7 | 83.6 | 84.8 | 79.3 | 80.0 | 77.1 | 73.8 |
| RP-CRE | 97.9 | 92.7 | 91.6 | 89.2 | 88.4 | 86.8 | 85.1 | 84.1 | 82.2 | 81.5 |
| RP-CRE[†] | 98.4 | 95.2 | 93.1 | 91.4 | 90.8 | 88.8 | 87.6 | 86.8 | 85.2 | 83.9 |
| **CRL** | 98.3 | **95.4** | **93.4** | **92.0** | **91.0** | **89.7** | **88.3** | **87.0** | **85.6** | **84.4** |
| CRL(w/o KL) | 98.3 | 95.2 | 93.1 | 91.5 | 90.4 | 89.0 | 87.7 | 86.3 | 84.9 | 83.4 |
| CRL(w/o CR) | 98.3 | 94.8 | 92.2 | 90.7 | 89.4 | 87.6 | 86.5 | 85.0 | 83.7 | 82.0 |

| Model | TACRED | | | | | | | | | |
|---|---|---|---|---|---|---|---|---|---|---|
| | T1 | T2 | T3 | T4 | T5 | T6 | T7 | T8 | T9 | T10 |
| EA-EMR | 47.5 | 40.1 | 38.3 | 29.9 | 24.0 | 27.3 | 26.9 | 25.8 | 22.9 | 19.8 |
| EMAR | 73.6 | 57.0 | 48.3 | 42.3 | 37.7 | 34.0 | 32.6 | 30.0 | 27.6 | 25.1 |
| CML | 57.2 | 51.4 | 41.3 | 39.3 | 35.9 | 28.9 | 27.3 | 26.9 | 24.8 | 23.4 |
| EMAR+BERT | 96.6 | 85.7 | 81.0 | 78.6 | 73.9 | 72.3 | 71.7 | 72.2 | 72.6 | 71.0 |
| RP-CRE | 97.6 | 90.6 | 86.1 | 82.4 | 79.8 | 77.2 | 75.1 | 73.7 | 72.4 | 72.4 |
| RP-CRE[†] | 97.8 | 92.3 | 91.0 | **87.3** | 84.2 | 82.7 | 79.8 | 78.8 | 78.6 | 77.3 |
| **CRL** | **98.1** | **94.7** | **91.6** | 87.0 | **86.3** | **84.5** | **82.9** | **81.8** | **81.8** | **80.7** |
| CRL(w/o KL) | 98.1 | 94.2 | 91.7 | 87.1 | 86.6 | 84.4 | 82.2 | 81.5 | 81.0 | 80.1 |
| CRL(w/o CR) | 98.1 | 93.2 | 90.1 | 85.8 | 83.2 | 81.2 | 79.4 | 77.4 | 76.8 | 75.9 |

（1）提出的 CRL 明显优于其他基线，并实现了最先进的性能。与 RP-CRE 相比，本章的模型具有明显的优势。证明 CRL 可以学习到更好的一致性关系表示，并且在持续学习的过程中更加稳定。

（2）观察到所有基线在 TACRED 数据集上的表现更差。这个结果的主要原因是 TACRED 是一个不平衡的数据集。然而，本章的模型在 TACRED 上的表现优于 RP-CRE 的最后一项任务（比 RP-CRE 高 3.4%），这比在类平衡数据集 FewRel 上的改进（0.5%）更显著，表明本章的模型对于处理类不平衡的场景更加擅长。

（3）比较 CRL 和 CRL（w/o KL），在训练过程中不采用知识蒸馏会导致模型在 FewRel 和 TACRED 上分别下降 1% 和 0.6%。实验结果表明，知识蒸馏可以均匀地缓解模型对先前知识的遗忘，从而学习到更好的一致表示。

（4）比较 CRL 和 CRL（w/o CR），在内存重放期间移除 CR 导致模型在 FewRel 和 TACRED 上分别下降 2.4% 和 4.8%。显著下降的原因是仅采用 $\mathcal{L}_{KL}$ 无法使模型对当前任务的样本进行复习，导致回放时历史关系过拟合。

**1. 记忆大小的影响**

内存大小是每个关系所需的内存样本数。在本节中，将研究记忆库大小对模型和 RP-CRE 性能的影响。本章比较了 3 种记忆库大小：5、10 和 20。实验结果如图 13.2 所示。

实验选择 RP-CRE 作为主要对比的模型，所有配置和任务序列保持不变。①随着内存大小的减小，模型的性能趋于下降，这说明内存的大小是影响持续学习和学习的关键因素；但本章的模型比 RP-CRE（最终任务中的性能差距）更稳定，尤其是在 TACRED 数据集上。②在 FewRel 和 TACRED 上，CRL 在不同内存大小下均保持最佳性能，在小记忆库下优势明显。这表明利用一致性表示学习是一种比现有的基于记忆的 CRE 方法更有效的记忆利用方式。

**2. 一致性表示学习的影响**

为了探索一致性表示学习在持续关系抽取中的长期影响，本章在 TACRED 上测试了提出的模型和 RP-CRE，以观察随着新任务的不断增加，旧任务嵌入空间的变化。该模型在 T1、T4、T7、T10 结束时对 T1 中的测试集中的所有样本进行特征抽取。然后使用 t-SNE[187] 来降维关系表示。T1 的测试集上的所有样本都被绘制出来，其中不同的颜色点代表不同的真实标签。可视化结果如图 13.3 所示。

从图 13.3 中可以观察到，虽然 RP-CRE 的关系嵌入在原型细化后，在每个类中都进行了聚类和分离，但随着新任务的不断学习，T1 的数据嵌入明显分散。相比之下，本章的模型保留了类之间的良好分离，类内的数据嵌入紧凑且具有一定的多样性。此外，可以从

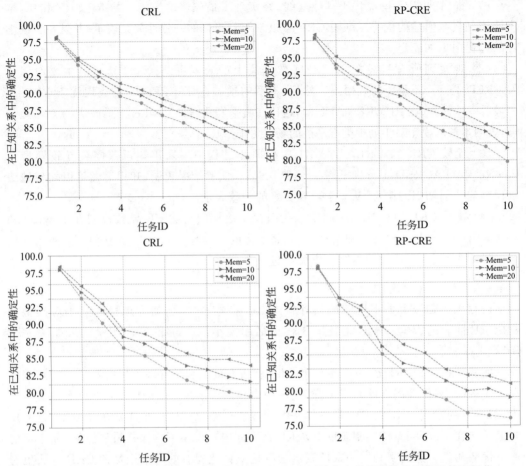

图 13.2　RP-CRE 和 CRL 在不同任务中从 T1（任务 1）测试集中学习到的关系表示的可视化

中观察到本章的模型在 T1 中不同类的分布变化比较稳定，并且保留了历史任务的知识和训练。

　　这主要是因为本章的模型通过监督对比来学习，明确强调历史记忆中的样本在类内是紧凑的，并且彼此相距较远。而历史记忆的知识是通过记忆知识的升华而保存下来的。同时，知识蒸馏保留了类之间的距离分布，可以弥补对比学习过度优化类之间的距离，防止过拟合。

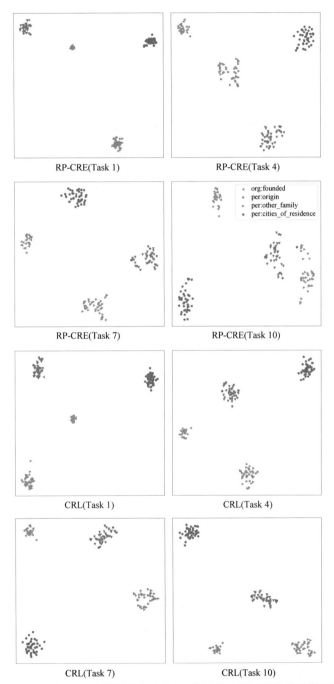

图 13.3 RP-CRE 和 CRL 在不同任务中从 T1 测试集中学习到的关系表示的可视化

## 13.5　本章小结

　　本章针对 CRE 任务提出了一种新颖的一致性表示学习方法,主要使用对比学习和重放记忆时的知识蒸馏。具体地,本章使用基于记忆库的监督对比学习来训练每个新任务,以便模型可以有效地学习特征表示。此外,为了防止旧任务的灾难性遗忘,对记忆样本进行对比和回放,同时通过知识蒸馏使模型保留历史任务之间关系的知识。本章的方法可以更好地学习一致性表示,以有效地减轻灾难性遗忘。在两个基准数据集上进行的大量实验表明,本章的方法显著提升了最先进技术的性能,并展示了强大的表示学习能力。未来,笔者将继续研究跨领域的持续关系抽取,以获取不断增长的知识。

# 第 14 章

# 开放域文本关系抽取的可扩展可视化平台

## 14.1 概　　述

在先前的章节,分别研究了实体关系抽取、关系检测、关系发现及持续关系学习,其中关系检测和关系发现可以自然地组成一个流水线系统。因此,本章将介绍一个开放关系抽取流水线,这需要识别文本中已知的关系,同时发现新的关系类型。将开放关系抽取分解为两个模块来实现:开放关系检测和开放关系发现,如图 14.1 所示。第一个模块旨在检测未知关系的同时识别 $N$ 个已知关系。它可以识别已知关系的具体类别,但不能识别特定的开放关系。第二个模块进一步使用聚类方法将一种类型的开放关系分组为多个细粒度的关系簇。

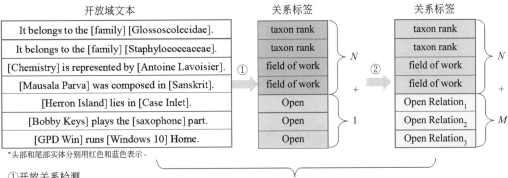

图 14.1　开放域关系抽取流程图

本章提出了 TEXTORE,即可扩展的可视化文本开放关系抽取平台(text open relation extraction,TEXTORE),该平台具有以下特点。

首先,它集成了一系列最先进的开放关系检测和开放关系发现算法,每个模块都支持完整的工作流程;而且,它还提供了一个可扩展的工具包,以方便新模型的定制。

其次,它设计了一个整体框架,自然地结合了两个子模块,实现了一个完整的 ORE 流程;整体框架融合了两个模块的优点,可以自动识别已知关系,发现带有关键字的开放关系簇。

最后,它提供了丰富的可视化界面,用户可以使用提供的方法添加相应类型的数据集和模型来识别和发现开放关系。TEXTORE 为这两个模块和流水线模块提供了前端接口,这两个模块中的每一个都支持不同的模型训练、评估和详细结果分析的方法。管道模块利用这两个模块并显示完整的文本开放关系抽取结果。

## 14.2　文本开放关系抽取系统

TEXORE 包含一个友好的图形化界面(graphical user interface,GUI),涵盖了尽可能多的功能。该平台的架构如图 14.2 所示。TEXTORE 主要由 3 个模块组成:数据管理、模型管理和可视化模块。而且,在完成开放关系检测和开放关系发现两个模块的模型训练后,可以通过开放关系抽取管道对算法流程进行完整的评估。

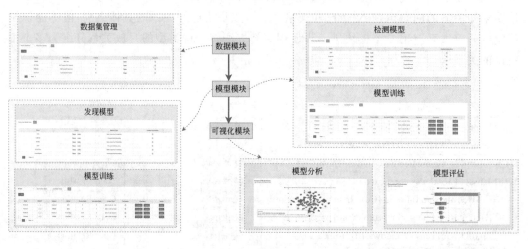

图 14.2　TEXTORE 总体架构

### 14.2.1　数据集管理

TEXTORE 支持用于关系抽取的基准数据集。它集成了 4 个公共数据集：SemEval[176]、Wiki80[183]、Wiki20m[202] 和 NYT10m[202]。Wiki80 源自 FewRel[18]，是一个大规模的小样本数据集；Wiki20m 和 NYT10m 是具有手动注释测试集的远程监督关系提取（DS-RE）数据集；TEXTORE 为两个模块的数据准备提供了统一的数据格式。TEXTORE 可以根据数据集设置不同的已知关系和未知关系，用于模型训练和评估。前端页面还显示数据的来源和详细的统计信息。

TEXTORE 还为开放关系检测和开放关系发现提供了统一的数据预处理方法。在为训练集设置已知关系比例和已知关系的标注比例后，预处理过程将使用标记样本用于开放关系检测模块的训练。同时，未标记的样本可用于开放关系发现。

### 14.2.2　模型管理

模型管理主要包含开放关系检测和开放关系发现模块，它们集成了一系列最先进的模型并提供可扩展的工具包。

#### 1. 开放关系检测

开放关系检测是通过标记数据训练的，这样模型可以检测未知关系，同时在测试过程中对已知关系进行分类。检测到的样本被分组到单个开放关系类别中。根据第 11 章所对比的方法的属性，本节将其分为基于几何特征的方法和基于阈值的方法。基于几何特征的方法包括 DeepUnk[184] 和 ADB[185]。这些方法是后处理方法，在标记数据上进行预训练，然后根据特征表示的几何分布检测开放关系样本。基于阈值的方法包括 OpenMax[94]、MSP[182] 和 DOC[95]。这些方法在标记的训练集上进行训练以获得类的概率分布，然后使用概率阈值来检测不属于任何已知关系的开放关系样本。

#### 2. 开放关系发现

开放关系发现可以进一步将开放关系划分成具有明确意义的簇，以发现新的关系。目前的开放关系抽取算法大多假设测试数据中只包含新的关系样本，因此这些方法属于开放关系发现，可分为半监督和无监督算法。无监督算法包括 ODC[104]、SelfORE[196]。这些方法不需要任何标记数据作为先验知识，而是直接从未标记数据中学习关系语义。半监督算法包括 RSN[86]、MORE[87]、CDACPlus[106]、DeepAligind[105]。这些方法使用标记数据的语义知识来帮助模型更好地发现新类。

#### 3. 模型训练和评估

TEXTORE 平台为两种模型的训练和评估提供了易于使用的图形界面。通过选择模型、数据集、数据集的标记比例和已知类的比例来执行训练,同时可以跟踪模型训练的状态。

模型完成训练后,TEXTORE 提供了模型评估和分析页面的按钮。在评估页面上,展示了评估模型在测试集上的表现。此外,可以将测试样本按预测类别划分,并显示每个样本的真实类别,方便研究人员进行案例研究。

**4. 工具包的设计与实现**

TEXTORE 还集成了一个可扩展的工具包,主要提供统一的 Backbone、Manager 和 Metric。完整的工具包支持开放关系检测、开放关系发现和整个管道的执行。

该工具包集成了最新的关系提取 Backbone,包括基于 CNN 的[45]和基于 BERT[20]的。它可以用于两个模块的特征提取,并为扩展定制的主干提供灵活的接口。Manager 部分主要用于实现两个不同模块的具体模型和训练框架。设计了一个基类,它可以提供创建 Dataloader 和模型保存和加载的基本功能,通过扩展这个基类并实现特定的训练结构和模型。为了在开放关系发现模块中直观地显示每个聚类所表达的关系,该工具包集成了 KeyBERT①,将每个聚类的前 3 个关键字提取为表面形式的关系名称。此外,一系列基础模型模块用于设计不同的新模型。Metric 部分提供了多种评估模型的指标,包括第 11 章和第 12 章所用的所有评价指标。

### 14.2.3　可视化模块

为了直观地分析模型的性能,本节直观地展示了模型的评估结果。包括对每个关系的正确和错误预测数量的细粒度表示,以及关系表示的可视化。

使用直方图显示每个关系的预测误差,如图 14.3 所示,可以挖掘难以分类的关系样本,同时提供更直观的检测分析表现。关系表示的可视化使用 t-SNE[187]对高维关系表示进行降维,然后对每个预测关系进行着色,如图 14.4 所示。每个关系的分布以散点图的形式呈现,便于研究人员分析模型的性能,进一步挖掘不同关系之间的联系。

### 14.2.4　开放关系抽取流水线

完全开放关系抽取可以在抽取已知关系的同时识别开放关系。因此,将开放关系检测和开放关系发现两个模块通过流水线的方式连接起来,共同完成开放关系抽取。TEXTORE 提供了完整的流程。首先确定数据集,然后通过开放关系检测模型训练模型,在相同设置下训练开放关系抽取模型,最后整合两个模型进行完整评估。

---

① 该工具包可以登录网址 https://github.com/MaartenGr/KeyBERT 查看。

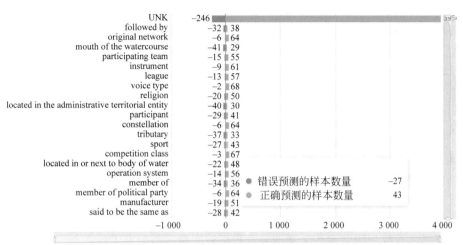

图 14.3　预测结果直方图

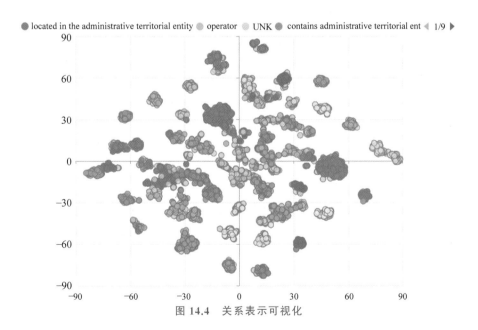

图 14.4　关系表示可视化

## 14.3　本章小结

TEXTORE 是一种开放关系抽取的新范式,其还在发展初期,未来还有很多研究方向。方向一:TEXTORE 集成的数据集中的实体已被标记,为了促进更完整的知识获取系统的发展,下一步可以结合命名实体识别方法,自动提取数据集中的实体。方向二:用持续学习方法丰富 ORE,目前 ORE 只涉及关系的检测和发现,并没有融入主流的持续学习框架,将持续学习扩展到 ORE 将是未来有趣的工作。未来,笔者的目标是通过以下行动来提高 ORE 的可扩展性和实用性:①形成更完整的流水线工作,将 NER 模块和持续学习模块组合成更完整的系统展示;②涵盖更多的任务、数据集、模型和功能;③结合现实场景,不断获取更有意义的实体关系,构建完整的知识库。

# 本 篇 小 结

本篇面向开放领域对实体关系抽取进行了较为全面的研究工作。首先提出了一种基于异构神经网络表示迭代融合方法,通过将关系和词作为图上的节点,从不同的节点通过消息传递机制聚合信息。其次,提出了一种依赖于样本的动态阈值来检测开放类,同时,通过在训练中引入生成的负样本,使阈值适应复杂且未知的类分布,该方法只需要已知的类样本进行训练,不需要任何真实的负样本。然后,提出了一种基于对的自加权损失,通过挖掘标注数据中的隐含语义知识使模型能够有效地学习特征表示,此外,该方法可以更好地转移标注数据中的关系语义知识,从而指导不同领域的聚类。最后,介绍了开放域文本关系抽取的可扩展可视化平台。该平台将关系检测和发现整合到一个系统中,可以应对真实世界日益增长的关系。

本篇通过完善的实验证明了所提出的方法在实体和关系联合抽取、开放关系检测、开放关系抽取和持续关系学习任务中均取得了优异的结果。本篇所完成的 3 项工作层层递进,从开放关系检测到开放关系抽取再到持续关系抽取,从解决实际问题出发,一步步探索面向开放域下的实体关系抽取的研究方法。每一个步骤本篇都展示了详细实验结果来证明本篇所提出方法的有效性,并对已完成的工作的进行了全面的分析,也对未来的工作有了明确的方向。

# 参 考 文 献

[1] ETZIONI O, CAFARELLA M J, DOWNEY D, et al. Unsupervised named-entity extraction from the web: an experimental study[J]. Artificial Intelligence, 2005, 165(1): 91-134.

[2] ZHANG S, ELHADAD N. Unsupervised biomedical named entity recognition: experiments with clinical and biological texts[J]. Journal of Biomedical Informatics, 2013, 46(6): 1088-1098.

[3] BORTHWICK A E. a Maximum entropy approach to named entity recognition[M]. New York University, 1999.

[4] BIKEL D M, SCHWARTZ R M, WEISCHEDEL R M. An algorithm that learns what's in a name [J]. Machine Learning, 1999, 34(1/2/3): 211-231.

[5] ISOZAKI H, KAZAWA H. Efficient support vector classifiers for named entity recognition[C]. Proceedings of the 19th International Conference on Computational Linguistics, 2002.

[6] OKANOHARA D, MIYAO Y, TSURUOKA Y, et al. Improving the scalability of semi-markov conditional random fields for named entity recognition [C]. Proceedings of the International Conference on Computational Linguistics and 44th Annual Meeting of the Association for Computational Linguistics, 2006,17-21.

[7] KAZAMA J I, TORISAWA K. Exploiting wikipedia as external knowledge for named entity recognition[C]. Proceedings of the 2007 Joint Conference on Empirical Methods in Natural Language Processing and Computational Natural Language Learning, 2007: 698-707.

[8] CUCERZAN S. Large-scale named entity disambiguation based on wikipedia data[C]. Proceedings of the 2007 Joint Conference on Empirical Methods in Natural Language Processing and Computational Natural Language Learning, 2007: 708-716.

[9] MIKOLOV T, CHEN K, CORRADO G, et al. Efficient estimation of word representations in vector space[C]. Proceedings of the 1st International Conference on Learning Representations, Scottsdale, Arizona, Workshop Track Proceedings, 2013.

[10] MIKOLOV T, SUTSKEVER I, CHEN K, et al. Distributed representations of words and phrases and their compositionality[J]. Advances in Neural Information Processing Systems, 2013: 3111-3119.

[11] PENNINGTON J, SOCHER R, MANNING C. Glove: Global vectors for word representation [C]. Proceedings of the 2014 Conference on Empirical Methods in Natural Language Processing, 2014: 1532-1543.

[12] ELMAN J L. Finding structure in time[J]. Cognitive science, 1990, 14(2): 179-211.

[13] HOCHREITER S, SCHMIDHUBER J U. Long short-term memory[J]. Neural computation, 1997, 9(8): 1735-1780.

[14] CHUNG J, GULCEHRE C, CHO K, et al. Empirical evaluation of gated recurrent neural

networks on sequence modeling［C］. Proceedings of the NIPS2014 Workshop on Peep Learning，2014.

［15］ CHO K，VAN MERRIENBOER B，GULCEHRE C，et al. Learning Phrase Representations Using Rnn Encoder-Decoder for Statistical Machine Translation［C］. Proceedings of the 2014 Conference on Empirical Methods in Natural Language Processing，2014：1724-1734.

［16］ GRAVES A，JAITLY N，MOHAMED A. Hybrid speech recognition with deep bidirectional LSTM［C］. Proceedings of the 2013 IEEE Workshop on Automatic Speech Recognition and Understanding，2013：273-278.

［17］ TAI K S，SOCHER R，MANNING C D. Improved Semantic Representations from Tree-Structured Long Short-Term Memory Networks［C］. Proceedings of the 53rd Annual Meeting of the Association for Computational Linguistics and the 7th International Joint Conference on Natural Language Processing of the Asian Federation of Natural Language Processing，2015：1556-1566.

［18］ HAN X，ZHU H，YU P，et al. Fewrel：A Large-Scale Supervised Few-Shot Relation Classification Dataset with State-of-the-Art Evaluation［C］. Proceedings of the 2018 Conference on Empirical Methods in Natural Language Processing，2018：4803-4809.

［19］ PETERS M，NEUMANN M，IYYER M，et al. Deep Contextualized Word Representations［C］. Proceedings of the 2018 Conference of the North American Chapter of the Association for Computational Linguistics：Human Language Technologies，2018，(1)：2227-2237.

［20］ DEVLIN J，CHANG M-，WEI，LEE K，et al. Bert：Pre-Training of Deep Bidirectional Transformers for Language Understanding［C］. Proceedings of the 2019 Conference of the North American Chapter of the Association for Computational Linguistics：Human Language Technologies，2019：4171-4186.

［21］ VASWANI A，SHAZEER N，PARMAR N，et al. Attention is all you need［J］. Advances in Neural Information Processing Systems，2017：5998-6008.

［22］ MA X，HOVY E. End-to-End Sequence Labeling Via Bi-Directional Lstm-Cnns-Crf［C］. Proceedings of the 54th Annual Meeting of the Association for Computational Linguistics，2016：1064-1074.

［23］ LI P-，HSUAN，DONG R-，PING，WANG Y-，SIANG，et al. Leveraging linguistic structures for named entity recognition with bidirectional recursive neural networks［C］. Proceedings of the Empirical Methods in Natural Language Processing，2017：2664-2669.

［24］ YANG J，ZHANG Y，DONG F. Neural reranking for named entity recognition［C］. Proceedings of the International Conference Recent Advances in Natural Language Processing，2017：784-792.

［25］ KURU O，CAN O A，YURET D. Charner：Character-level named entity recognition［C］. Proceedings of the 26th International Conference on Computational Linguistics，Proceedings of the Conference：Technical Papers，2016：911-921.

[26] LAMPLE G, BALLESTEROS M, SUBRAMANIAN S, et al. Neural Architectures for Named Entity Recognition[C]. Proceedings of the North American Chapter of the Association for Computational Linguistics: Human Language Technologies, 2016: 260-270.

[27] HUANG Z, XU W, YU K. Bidirectional LSTM-CRF models for sequence tagging[J]. arXiv preprint arXiv: 1508.01991, 2015.

[28] GHADDAR A, LANGLAIS P. Robust lexical features for improved neural network named-entity recognition[C]. Proceedings of the International Conference on Computational Linguistics, 2018: 1896-1907.

[29] COLLOBERT R, WESTON J, BOTTOU L E, ON, et al. Natural language processing (almost) from scratch[J]. Journal of Machine Learning Research, 2011, 12: 2493-2537.

[30] CHIU J P C, NICHOLS E. Named entity recognition with bidirectional LSTM-CNNS[J]. Transactions of the Association for Computational Linguistics, 2016, 4: 357-370.

[31] WEI Q, CHEN T, XU R, et al. Disease named entity recognition by combining conditional random fields and bidirectional recurrent neural networks[J]. Database: The Journal of Biological Databases and Curation, 2016.

[32] STRUBELL E, VERGA P, BELANGER D, et al. Fast and accurate entity recognition with iterated dilated convolutions[C]. Proceedings of Empirical Methods in Natural Language Processing, 2017: 2670-2680.

[33] LIN B Y, XU F F, LUO Z, et al. Multi-channel bilstm-CRF model for emerging named entity recognition in social media[C]. Proceedings of the 3rd Workshop on Noisy User-generated Text, 2017: 160-165.

[34] AGUILAR G, MAHARJAN S, MONROY A, N PASTOR LO, PEZ, et al. A Multi-Task Approach for Named Entity Recognition in Social Media Data[C]. Proceedings of the 3rd Workshop on Noisy User-generated Text, 2017: 148-153.

[35] YAO L, LIU H, LIU Y, et al. Biomedical named entity recognition based on deep neutral network[J]. International Journal of Hybrid Information Technology. 2015, 8(8): 279-288.

[36] WU Y, JIANG M, LEI J, et al. Named Entity Recognition in Chinese Clinical Text Using Deep Neural Network[C]. Proceedings of the 15th World Congress on Health and Biomedical Informatics, 2015: 624-628.

[37] YANG Z, SALAKHUTDINOV R, COHEN W W. Multi-task cross-lingual sequence tagging from scratch[J]. arXiv preprint arXiv: 1603.06270, 2016.

[38] RADFORD A, NARASIMHAN K, SALIMANS T, et al. Improving language understanding by generative pre-training[J]. OpenAI Blog, 2018.

[39] TOMORI S, NINOMIYA T, MORI S. Domain specific named entity recognition referring to the real world by deep neural networks[C]. Proceedings of the 54th Annual Meeting of the Association for Computational Linguistics, 2016.

［40］ ZHUO J, CAO Y, ZHU J, et al. Segment-level sequence modeling using gated recursivesemi-markov conditional random fields［C］. Proceedings of the 54th Annual Meeting of the Association for Computational Linguistics，2016.

［41］ YE Z X, LING Z H. Hybrid Semi-Markov Crf for Neural Sequence Labeling［C］. Proceedings of the 56th Annual Meeting of the Association for Computational Linguistics，2018：235-240.

［42］ ZHOU G, SU J, ZHANG J, et al. Exploring various knowledge in relation extraction［C］. Proceedings of the 43rd annual meeting of the association for computational linguistics，2005：427-434.

［43］ BUNESCU R C, MOONEY R J. A shortest path dependency kernel for relation extraction［C］. Proceedings of the conference on human language technology and empirical methods in natural language processing，2005：724-731.

［44］ LIAO J, WANG S, LI D, et al. Freerl: Fusion relation embedded representation learning framework for aspect extraction［J］. Knowledge-Based Systems，2017，135：9-17.

［45］ ZENG D, LIU K, LAI S, et al. Relation classification via convolutional deep neural network［C］. Proceedings of COLING 2014，the 25th International Conference on Computational Linguistics：Technical Papers，2014：2335-2344.

［46］ MINTZ M, BILLS S, SNOW R, et al. Distant supervision for relation extraction without labeled data［C］. Proceedings of the Joint Conference of the 47th Annual Meeting of the ACL and the 4th International Joint Conference on Natural Language Processing of the AFNLP：Volume 2-Volume 2，2009：1003-1011.

［47］ LIN Y, SHEN S, LIU Z, et al. Neural relation extraction with selective attention over instances ［C］. Proceedings of the 54th Annual Meeting of the Association for Computational Linguistics，2016：2124-2133.

［48］ LIU T, WANG K, CHANG B, et al. A soft-label method for noise-tolerant distantly supervised relation extraction［C］. Proceedings of the 2017 Conference on Empirical Methods in Natural Language Processing，2017：1790-1795.

［49］ FENG J, HUANG M, ZHAO L, et al. Reinforcement learning for relation classification from noisy data ［C］. Proceedings of the Thirty-Second AAAI Conference on Artificial Intelligence，2018.

［50］ QIN P, WEIRAN X U, WANG W Y. Dsgan: Generative Adversarial Training for Distant Supervision Relation Extraction［C］. Proceedings of the 56th Annual Meeting of the Association for Computational Linguistics，2018：496-505.

［51］ LEVY O, SEO M, CHOI E, et al. Zero-Shot Relation Extraction Via Reading Comprehension ［C］. Proceedings of the 21st Conference on Computational Natural Language Learning，2017：333-342.

［52］ KOCH G, ZEMEL R, SALAKHUTDINOV R, et al. Siamese neural networks for one-shot

image recognition[C]. Proceedings of the ICML Deep Learning Workshop, 2015,2: 0.

[53]  VINYALS O, BLUNDELL C, LILLICRAP T, et al. Matching Networks for one-shot Learning
[C]. Proceedings of the Advances in Neural Information Processing Systems, 2016: 3630-3638.

[54]  SNELL J, SWERSKY K, ZEMEL R. Prototypical Networks for Few-Shot Learning[C].
Proceedings of the Advances in Neural Information Processing Systems, 2017: 4077-4087.

[55]  MISHRA N, ROHANINEJAD M, CHEN X, et al. A simple neural attentive meta-learner[C].
Proceedings of the International Conference on Learning Representation, 2018.

[56]  YAO L, MAO C, LUO Y. Graph convolutional networks for text classification[C]. Proceedings
of the AAAI conference on artificial intelligence, 2019: 7370-7377.

[57]  GAO T, HAN X, LIU Z, et al. Hybrid attention-based prototypical networks for noisy few-shot
relation classification [C]. Proceedings of the Thirty-Second AAAI Conference on Artificial
Intelligence, 2019.

[58]  CHAN Y S, ROTH D. Exploiting syntactico-semantic structures for relation extraction[C].
Proceedings of the 49th Annual Meeting of the Association for Computational Linguistics: Human
Language Technologies, 2011: 551-560.

[59]  MIWA M, SASAKI Y. Modeling joint entity and relation extraction with table representation[C].
Proceedings of the 2014 Conference on Empirical Methods in Natural Language Processing, 2014:
1858-1869.

[60]  KATIYAR A, CARDIE C. Going out on a limb: Joint extraction of entity mentions and relations
without dependency trees[C]. Proceedings of the 55th Annual Meeting of the Association for
Computational Linguistics, 2017: 917-928.

[61]  ZHENG S, WANG F, BAO H, et al. Joint Extraction of Entities and Relations Based on a Novel
Tagging Scheme [C]. Proceedings of the 55th Annual Meeting of the Association for
Computational Linguistics, 2017: 1227-1236.

[62]  HONG Y, LIU Y, YANG S, et al. Improving graph convolutional networks based on relation-
aware attention for end-to-end relation extraction [J]. Institate of Electrical and Electronics
Engineers Access 2020, 8: 51315-51323.

[63]  ZENG X, ZENG D, HE S, et al. Extracting relational facts by an end-to-end neural model with
copy mechanism [C]. Proceedings of the 56th Annual Meeting of the Association for
Computational Linguistics, 2018: 506-514.

[64]  FU T-J, LI P-H, MA W-Y. Graphrel: Modeling text as relational graphs for joint entity and
relation extraction [C]. Proceedings of the 57th Annual Meeting of the Association for
Computational Linguistics, 2019: 1409-1418.

[65]  BAI C, PAN L, LUO S, et al. Joint extraction of entities and relations by a novel end-to-end
model with a double-pointer module[J]. Neurocomputing, 2020, 377: 325-333.

[66]  WEI Z, SU J, WANG Y, et al. A Novel Cascade Binary Tagging Framework for Relational

Triple Extraction［C］. Proceedings of the 58th Annual Meeting of the Association for Computational Linguistics，2020：1476-1488.

［67］ SHI W，CABALLERO J，HUSZA R，FERENC，et al. Real-time single image and video super-resolution using an efficient sub-pixel convolutional neural network［C］. Proceedings of the IEEE Conference on Computer Vision and Pattern Recognition，2016：1874-1883.

［68］ KIM Y. Convolutional Neural Networks for Sentence Classification［C］. Proceedings of the 2014 Conference on Empirical Methods in Natural Language Processing，2014：1746-1751.

［69］ GOODFELLOW I，BENGIO Y，COURVILLE A. Deep learning［M］. MIT press，2016.

［70］ BACH F R，JORDAN M I. Learning graphical models for stationary time series［J］. IEEE Transactions on Signal Processing，2004，52(8)：2189-2199.

［71］ ZHU H，LIN Y，LIU Z，et al. Graph Neural Networks with Generated Parameters for Relation Extraction［C］. Proceedings of the 57th Annual Meeting of the Association for Computational Linguistics，2019：1331-1339.

［72］ SCHLICHTKRULL M，KIPF T N，BLOEM P，et al. Modeling relational data with graph convolutional networks［C］. Proceedings of the European Semantic Web Conference，2018：593-607.

［73］ KUMAR A J，SCHMIDT C，KO H，JOACHIM. A knowledge graph based speech interface for question answering systems［J］. Speech Communication，2017，92：1-12.

［74］ LECUN Y，BOTTOU L E，ON，BENGIO Y，et al. Gradient-based learning applied to document recognition［J］. Proceedings of the Institute of Electrical and Electronics Engineers. 1998，86(11)：2278-2324.

［75］ MONTI F，BOSCAINI D，MASCI J，et al. Geometric deep learning on graphs and manifolds using mixture model cnns［C］. Proceedings of the IEEE Conference on Computer Vision and Pattern Recognition，2017：5115-5124.

［76］ GILMER J，SCHOENHOLZ S S，RILEY P F，et al. Neural mesSAge Passing for quantum chemistry［C］. Proceedings of the International Conference on Machine Learning，2017：1263-1272.

［77］ YASUNAGA M，KASAI J，RADEV D. Robust Multilingual Part-of-Speech Tagging Via Adversarial Training［C］. Proceedings of the 2018 Conference of the North American Chapter of the Association for Computational Linguistics：Human Language Technologies，2018：976-986.

［78］ CARLINI N，WAGNER D. Adversarial examples are not easily detected：bypassing ten detection methods［C］. Proceedings of the 10th ACM Workshop on Artificial Intelligence and Security，2017：3-14.

［79］ GANIN Y，USTINOVA E，AJAKAN H，et al. Domain-Adversarial Training of Neural Networks［J］. The Journal of Machine Learning Research，2016，17(1)：2096-2030.

［80］ WU Y，BAMMAN D，RUSSELL S. Adversarial training for relation extraction［C］. Proceedings of the 2017 Conference on Empirical Methods in Natural Language Processing，2017：1778-1783.

［81］ BEKOULIS G，DELEU J，DEMEESTER T，et al. Adversarial training for multi-context joint entity and relation extraction［C］. Proceedings of the 2018 Conference on Empirical Methods in Natural Language Processing，2018：2830-2836.

［82］ CHEN YN，CELIKYILMAZ A，HAKKANI-TUR D. Deep learning for dialogue systems［C］. Proceedings of the 27th International Conference on Computational Linguistics：Tutorial Abstracts，2018：25-31.

［83］ 王浩畅，赵铁军. 生物医学文本挖掘技术的研究与进展［J］. 中文信息学报，2008，22(3).

［84］ YU D，HUANG L，JI H. Open relation extraction and grounding［C］. Proceedings of the Eighth International Joint Conference on Natural Language Processing，2017：854-864.

［85］ STANOVSKY G，MICHAEL J，ZETTLEMOYER L，et al. Supervised open information extraction［C］. Proceedings of the 2018 Conference of the North American Chapter of the Association for Computational Linguistics：Human Language Technologies，2018：885-895.

［86］ WU R，YAO Y，HAN X，et al. Open relation extraction：Relational knowledge transfer from supervised data to unsupervised data［C］. Proceedings of the 2019 Conference on Empirical Methods in Natural Language Processing and the 9th International Joint Conference on Natural Language Processing，2019：219-228.

［87］ WANG Y，LOU R，ZHANG K，et al. More：A metric learning based framework for open-domain relation extraction［C］. Proceedings of the 2021 IEEE International Conference on Acoustics，Speech and Signal Processing，2021：7698-7702.

［88］ SOARES L B，FITZGERALD N，LING J，et al. Matching the Blanks：Distributional Similarity for Relation Learning［C］. Proceedings of the 57th Annual Meeting of the Association for Computational Linguistics，2019：2895-2905.

［89］ WANG S，CHE W，LIU Q，et al. Multi-task self-supervised learning for disfluency detection［C］. Proceedings of the AAAI Conference on Artificial Intelligence，2020：9193-9200.

［90］ FEI G，LIU B. Breaking the closed world assumption in text classification［C］. Proceedings of the 2016 Conference of the North American Chapter of the Association for Computational Linguistics：Human Language Technologies，2016：506-514.

［91］ BENDALE A，BOULT T. Towards open world recognition［C］. Proceedings of the IEEE Conference on Computer Vision and Pattern Recognition，2015：1893-1902.

［92］ SCHEIRER W J，DE REZENDE ROCHA A，SAPKOTA A，et al. Toward open set recognition［J］. IEEE Transactions on Pattern Analysis and Machine Intelligence，2012，35(7)：1757-1772.

［93］ JAIN L P，SCHEIRER W J，BOULT T E. Multi-class open set recognition using probability of inclusion［C］. Proceedings of the European Conference on Computer Vision，2014：393-409.

［94］ BENDALE A，BOULT T E. Towards open set deep networks［C］. Proceedings of the IEEE Conference on Computer Vision and Pattern Recognition，2016：1563-1572.

［95］ SHU L，XU H，LIU B. Doc：Deep Open Classification of Text Documents［C］. Proceedings of the 2017 Conference on Empirical Methods in Natural Language Processing，2017：2911-2916.

［96］ OZA P，PATEL V M. C2ae：Class conditioned auto-encoder for open-set recognition［C］. Proceedings of the Conference on Computer Vision and Pattern Recognition，2019：2307-2316.

［97］ ZHOU D W，YE H J，ZHAN D C. Learning placeholders for open-set recognition［C］. Proceedings of the IEEE/CVF Conference on Computer Vision and Pattern recognition，2021：4401-4410.

［98］ GAO T，HAN X，ZHU H，et al. Fewrel 2.0：Towards More Challenging Few-Shot Relation Classification［C］. Proceedings of the 2019 Conference on Empirical Methods in Natural Language Processing and the 9th International Joint Conference on Natural Language Processing，2019：6251-6256.

［99］ MACQUEEN J，OTHERS. Some Methods for Classification and Analysis of Multivariate Observations［C］. Proceedings of the Fifth Berkeley Symposium on Mathematical Statistics and Probability，1967：281-297.

［100］ ESTER M，KRIEGEL H-P，SANDER J O，RG，et al. A density-based algorithm for discovering clusters in large spatial databases with noise［C］. Proceedings of the knowledge Discovery and Data Mining，1996(34)：226-231.

［101］ BLONDEL V D，GUILLAUME J-L，LAMBIOTTE R，et al. Fast Unfolding of Communities in Large Networks［J］. Journal of statistical mechanics：theory and experiment，2008(10)：10008.

［102］ XIE J，GIRSHICK R，FARHADI A. Unsupervised deep embedding for clustering analysis［C］. Proceedings of the International Conference on Machine Learning，2016：478-487.

［103］ CARON M，BOJANOWSKI P，JOULIN A，et al. Deep clustering for unsupervised learning of visual features［C］. Proceedings of the European Conference on Computer Vision，2018：132-149.

［104］ ZHAN X，XIE J，LIU Z，et al. Online deep clustering for unsupervised representation learning［C］. Proceedings of the IEEE/CVF Conference on Computer Vision and Pattern Recognition，2020：6688-6697.

［105］ ZHANG H，XU H，LIN T E，et al. Discovering new intents with deep aligned clustering［C］. Proceedings of the AAAI Conference on Artificial Intelligence，2021，35(16)：14365-14373.

［106］ ZHANG H，XU H，LIN T E，et al. Discovering new intents with deep aligned clustering［C］. Proceedings of the AAAI Conference on Artificial Intelligence，2021：14365-14373.

［107］ CARON M，BOJANOWSKI P，MAIRAL J，et al. Unsupervised pre-training of image features on non-curated data［C］. Proceedings of the IEEE/CVF International Conference on Computer Vision，2019：2959-2968.

［108］ WANG H，WANG Y，ZHOU Z，et al. Cosface：Large margin cosine loss for deep face recognition［C］. Proceedings of the IEEE Conference on Computer Vision and Pattern

Recognition，2018：5265-5274.

[109]  WANG X，HUA Y，KODIROV E，et al. Ranked list loss for deep metric learning[C]. Proceedings of the IEEE/CVF Conference on Computer Vision and Pattern Recognition，2019：5207-5216.

[110]  KIM S，KIM D，CHO M，et al. Proxy anchor loss for deep metric learning[C]. Proceedings of the IEEE/CVF Conference on Computer Vision and Pattern Recognition，2020：3238-3247.

[111]  SUN Y，CHENG C，ZHANG Y，et al. Circle loss：A unified perspective of pair similarity optimization[C]. Proceedings of the IEEE/CVF Conference on Computer Vision and Pattern Recognition，2020：6398-6407.

[112]  KIRKPATRICK J，PASCANU R，RABINOWITZ N，et al. Overcoming catastrophic forgetting in neural networks[C]. Proceedings of the National Academy of Sciences，2017，114(13)：3521-3526.

[113]  ZENKE F，POOLE B，GANGULI S. Continual learning through synaptic intelligence[C]. Proceedings of the International Conference on Machine Learning，2017：3987-3995.

[114]  CHEN T，GOODFELLOW I，SHLENS J. Net2net：Accelerating learning via knowledge transfer[C]. Proceedings of the 4th International Conference on Learning Representations，2016.

[115]  FERNANDO C，BANARSE D，BLUNDELL C，et al. Pathnet：Evolution channels gradient descent in super neural networks[J]. arXiv preprint arXiv：1701.08734，2017.

[116]  LOPEZ-PAZ D，RANZATO M A. Gradient episodic memory for continual learning[J]. Advances in Neural Information Processing Systems，2017，30：6467-6476.

[117]  ALJUNDI R，BABILONI F，ELHOSEINY M，et al. Memory aware synapses：Learning what (not) to forget[C]. Proceedings of the European Conference on Computer Vision，2018：139-154.

[118]  CHAUDHRY A，RANZATO M A，ROHRBACH M，et al. Efficient lifelong learning with a-gem[C]. Proceedings of the International Conference on Learning Represeneations，2018.

[119]  MAI Z，LI R，KIM H，et al. Supervised contrastive replay：Revisiting the nearest class mean classifier in online class-incremental continual learning[C]. Proceedings of the IEEE/CVF Conference on Computer Vision and Pattern Recognition，2021：3589-3599.

[120]  DONG S，HONG X，TAO X，et al. Few-shot class-incremental learning via relation knowledge distillation[C]. Proceedings of the AAAI Conference on Artificial Intelligence，2021：1255-1263.

[121]  YAN S，XIE J，HE X. Der：Dynamically Expandable Representation for Class Incremental Learning[C]. Proceedings of the IEEE/CVF Conference on Computer Vision and Pattern Recognition，2021：3014-3023.

[122]  D'AUTUME C D M，RUDER S，KONG L，et al. Episodic memory in lifelong language learning[J]. Advances in Neural Information Processing Systems，2019，32.

[123]  SUN F K，HO C H，LEE H Y. Lamol：Language modeling for lifelong language learning[C].

Proceedings of the International Conference on Learning Representations，2019.

[124] WANG H，XIONG W，YU M，et al. Sentence embedding alignment for lifelong relation extraction[C]. Proceedings of the Annual Conference of the North American Chapter of the Association for Computational Linguistics，2019.

[125] JAISWAL A，BABU A R，ZADEH M Z，et al. A survey on contrastive self-supervised learning [J]. Technologies，2021，9(1)：2.

[126] WU Z，XIONG Y，YU S X，et al. Unsupervised feature learning via non-parametric instance discrimination[C]. Proceedings of the IEEE Conference on Computer Vision and Pattern Recognition，2018：3733-3742.

[127] HE K，FAN H，WU Y，et al. Momentum contrast for unsupervised visual representation learning [ C ]. Proceedings of the IEEE/CVF Conference on Computer Vision and PatternRecognition，2020：9729-9738.

[128] LI J，ZHOU P，XIONG C，et al. Prototypical contrastive learning of unsupervised representations [ C ]. Proceedings of the International Conference on Learning Representations，2020.

[129] CHEN X，HE K. Exploring simple siamese representation learning[C]. Proceedings of the IEEE/CVF Conference on Computer Vision and Pattern Recognition，2021：15750-15758.

[130] KHOSLA P，TETERWAK P，WANG C，et al. Supervised contrastive learning[J]. Advances in neural information processing systems，2020，33：18661-18673.

[131] HENDRYCKS D，DIETTERICH T. Benchmarking neural network robustness to common corruptions and perturbations[C]. Proceedings of the International Conference on Learning Representations.

[132] CHEN T，KORNBLITH S，NOROUZI M，et al. A simple framework for contrastive learning of visual representations[C]. Proceedings of the International Conference on Machine Learning，2020：1597-1607.

[133] LIU H，ABBEEL P. Hybrid discriminative-generative training via contrastive learning[C]. Proceedings of the International Conference on Learning Representations.

[134] JOZEFOWICZ R，VINYALS O，SCHUSTER M，et al. Exploring the limits of language modeling[J]. arXiv preprint arXiv：1602.02410，2016.

[135] PETERS M E，AMMAR W，BHAGAVATULA C，et al. Semi-Supervised Sequence Tagging with Bidirectional Language Models [C]. Proceedings of the 55th Annual Meeting of the Association for Computational Linguistics，2017：1756-1765.

[136] MCCANN B，BRADBURY J，XIONG C，et al. Learned in Translation：Contextualized Word Vectors[C]. Proceedings of the Advances in Neural Information Processing Systems 30：Annual Conference on Neural Information Processing Systems 2017，2017：6294-6305.

[137] CHELBA C，MIKOLOV T A，，S，SCHUSTER M，et al. One Billion Word Benchmark for

Measuring Progress in Statistical Language Modeling[C]. Proceedings of the 15th Annual Conference of the International Speech Communication Association, 2014: 2635-2639.

[138] SUTSKEVER I, VINYALS O, LE Q V. Sequence to Sequence Learning with Neural Networks [C]. Proceedings of the Advances in Neural Information Processing Systems, 2014: 3104-3112.

[139] SANG E F T K, MEULDER F D. Introduction to the Conll-2003 Shared Task: Language-Independent Named Entity Recognition[C]. Proceedings of the Seventh Conference on Natural Language Learning, 2003: 142-147.

[140] MARCUS M P, SANTORINI B, MARCINKIEWICZ M A. Building a large annotated corpus of English: the penn treebank[J]. Computational Linguistics, 1993, 19(2): 313-330.

[141] SANG E F T K, BUCHHOLZ S. Introduction to the Conll-2000 Shared Task Chunking[C]. Proceedings of the Fourth Conference on Computational Natural Language Learning, CoNLL 2000, and the Second Learning Language in Logic Workshop, Held in cooperation with ICGI-2000, 2000: 127-132.

[142] MANNING C D. Part-of-speech tagging from 97% to 100%: is it time for some linguistics? [C]. Proceedings of the Computational Linguistics and Intelligent Text Processing-12th International Conference, 2011: 171-189.

[143] RATINOV L, ARIE, ROTH D. Design Challenges and Misconceptions in Named Entity Recognition[C]. Proceedings of the Thirteenth Conference on Computational Natural Language Learning, 2009: 147-155.

[144] PENG N, DREDZE M. Named entity recognition for chinese social media with jointly trained embeddings[C]. Proceedings of the 2015 Conference on Empirical Methods in Natural Language Processing, 2015: 548-554.

[145] LI X, MENG Y, SUN X, et al. Is Word Segmentation Necessary for Deep Learning of Chinese Representations? [C]. Proceedings of the 57th Conference of the Association for Computational Linguistics, 2019: 3242-3252.

[146] CAO P, CHEN Y, LIU K, et al. Adversarial transfer learning for chinese named entity recognition with Self-Attention mechanism[C]. Proceedings of the 2018 Conference on Empirical Methods in Natural Language Processing, 2018, 2018: 182-192.

[147] PENG N, DREDZE M. Improving Named Entity Recognition for Chinese Social Media with Word Segmentation Representation Learning[C]. Proceedings of the 54th Annual Meeting of the Association for Computational Linguistics, 2016: 149-155.

[148] HE H, SUN X. F-Score Driven Max Margin Neural Network for Named Entity Recognition in Chinese Social Media[C]. Proceedings of the 15th Conference of the European Chapter of the Association for Computational Linguistics, 2017: 713-718.

[149] ZHANG Y, YANG J. Chinese ner using lattice lstm[C]. Proceedings of the 56th Annual Meeting of the Association for Computational Linguistics, 2018: 1554-1564.

［150］ GRAVES A, MOHAMED A-R, HINTON G. Speech recognition with deep recurrent neural networks[C]. Proceedings of the 2013 IEEE international Conference on Acoustics, Speech and Signal Processing, 2013: 6645-6649.

［151］ HUANG G, LIU Z, VAN DER MAATEN L, et al. Densely connected convolutional networks [C]. Proceedings of the IEEE Conference on Computer Vision and Pattern Recognition, 2017: 4700-4708.

［152］ KRIZHEVSKY A, SUTSKEVER I, HINTON G E. Imagenet classification with deep convolutional neural networks[J]. Advances in Neural Information Processing Systems, 2012, 25: 1097-1105.

［153］ ZEILER M D, FERGUS R. Visualizing and understanding convolutional networks[C]. European Conference on Computer Vision, 2014: 818-833.

［154］ HE K, ZHANG X, REN S, et al. Deep residual learning for image recognition[C]. Proceedings of the IEEE Conference on Computer Vision and Pattern Recognition, 2016: 770-778.

［155］ HUANG Y Y, WANG W Y. Deep Residual Learning for Weakly-Supervised Relation Extraction [C]. Proceedings of the 2017 Conference on Empirical Methods in Natural Language Processing, 2017: 1803-1807.

［156］ RIEDEL S, YAO L, MCCALLUM A. Modeling relations and their mentions without labeled text[C]. Proceedings of the Joint European Conference on Machine Learning and Knowledge Discovery in Databases, 2010: 148-163.

［157］ ZENG D, LIU K, CHEN Y, et al. Distant supervision for relation extraction via piecewise convolutional neural networks[C]. Proceedings of the 2015 Conference on Empirical Methods in Natural Language Processing, 2015: 1753-1762.

［158］ HOFFMANN R, ZHANG C, LING X, et al. Knowledge-based weak supervision for information extraction of overlapping relations[C]. Proceedings of the 49th Annual Meeting of the Association for Computational Linguistics: Human Language Technologies, 2011: 541-550.

［159］ SURDEANU M, TIBSHIRANI J, NALLAPATI R, et al. Multi-instance multi-label learning for relation extraction[C]. Proceedings of the 2012 Joint Conference on Empirical Methods in Natural Language Processing and Computational Natural Language Learning, 2012: 455-465.

［160］ SATORRAS V G, ESTRACH J B. Few-Shot Learning with Graph Neural Networks[C]. Proceedings of the International Conference on Learning Representations, 2018.

［161］ SCARSELLI F, GORI M, TSOI A C, et al. The graph neural network model[J]. IEEE transactions on neural networks, 2008, 20(1): 61-80.

［162］ ZHOU J, CUI G, HU S, et al. Graph neural networks: a review of methods and applications [J]. AI Open, 2020, 1: 57-81.

［163］ MUNKHDALAI T, YU H. Meta networks [C]. Proceedings of the 34th International Conference on Machine Learning, 2017: 2554-2563.

[164] 刘知远，孙茂松，林衍凯，等. 知识表示学习研究进展[J]. 计算机研究与发展，2016，53 (2)：247.

[165] QUIRK C，POON H. Distant Supervision for Relation Extraction Beyond the Sentence Boundary [C]. Proceedings of the 15th Conference of the European Chapter of the Association for Computational Linguistics，2017：1171-1182.

[166] PENG N，POON H，QUIRK C，et al. Cross-sentence n-ary relation extraction with graph LSTMs[J]. Transactions of the Association for Computational Linguistics，2017，5：101-115.

[167] YAO Y，YE D，LI P，et al. Docred：A Large-Scale Document-Level Relation Extraction Dataset [C]. Proceedings of the 57th Annual Meeting of the Association for Computational Linguistics，2019：764-777.

[168] 高成亮. 基于 LSTM 的文本上下文依赖特征的表示方法研究[D]. 石家庄：河北科技大学，2019.

[169] 岳重阳. 面向中文微博话题评论文本的立场倾向性分析方法研究[D]. 石家庄：河北科技大学，2019.

[170] 张静，李文斌，张志敏. 基于半监督聚类的网络嵌入方法[J]. 河北工业科技，2019，36(4)：246-252.

[171] CAI R，ZHANG X，WANG H. Bidirectional recurrent convolutional neural network for relation classification[C]. Proceedings of the 54th Annual Meeting of the Association for Computational Linguistics，2016：756-765.

[172] SOROKIN D，GUREVYCH I. Context-aware representations for knowledge base relation extraction[C]. Proceedings of the 2017 Conference on Empirical Methods in Natural Language Processing，2017：1784-1789.

[173] VELIČKOVIĆ P，CUCURULL G，CASANOVA A，et al. Graph Attention Networks[C]. Proceedings of the 6th International Conference on Learning Representations，2018：1-14.

[174] YU B，ZHANG Z，SU J. Joint extraction of entities and relations based on a novel decomposition strategy [C]. Proceedings of the 24th European Conference on Artificial Intelligence，2019.

[175] GARDENT C，SHIMORINA A，NARAYAN S，et al. Creating training corpora for nlg Micro-Planners[C]. Proceedings of the 55th Annual Meeting of the Association for computational linguistics，2017：179-188.

[176] HENDRICKX I，KIM S N，KOZAREVA Z，et al. Semeval-2010 Task 8：Multi-Way Classification of Semantic Relations between Pairs of Nominals[C]. Proceedings of the 5th International Workshop on Semantic Evaluation，2010：33-38.

[177] ZENG X，HE S，ZENG D，et al. Learning the extraction order of multiple relational facts in a sentence with reinforcement learning[C]. Proceedings of the 2019 Conference on Empirical Methods in Natural Language Processing and the 9th International Joint Conference on Natural

Language Processing，2019：367-377.

[178] WANG L，CAO Z，DE MELO G，et al. Relation classification via multi-level attention CNNs[C]. Proceedings of the 54th Annual Meeting of the Association for Computational Linguistics，2016：1298-1307.

[179] PETERS M E，NEUMANN M，LOGAN IV R L，et al. Knowledge enhanced contextual word representations[C]. Proceedings of the 2019 Conference on Empirical Methods in Natural Language Processing and the 9th International Joint Conference on Natural Language Processing，2019：43-54.

[180] WU S，HE Y. Enriching pre-trained language model with entity information for relation classification[C]. Proceedings of the 28th ACM International Conference on Information and Knowledge Management，2019：2361-2364.

[181] VERMA V，LAMB A，BECKHAM C，et al. Manifold mixup：Better representations by interpolating hidden states[C]. International Conference on Machine Learning，2019：6438-6447.

[182] HENDRYCKS D，GIMPEL K. A baseline for detecting misclassified and out-of-distribution examples in neural networks [C]. Proceedings of International Conference on Learning Representations，2017.

[183] HAN X，GAO T，YAO Y，et al. Opennre：An Open and Extensible Toolkit for Neural Relation Extraction[C]. Proceedings of EMNLP-IJCNLP：System Demonstrations，2019：169-174.

[184] LIN T-E，XU H. Deep Unknown Intent Detection with Margin Loss[C]. Proceedings of the 57th Annual Meeting of the Association for Computational Linguistics，2019：5491-5496.

[185] ZHANG H，XU H，LIN T-E. Deep open intent classification with adaptive decision boundary [C]. Proceedings of the AAAI Conference on Artificial Intelligence，2021：14374-14382.

[186] WOLF T，DEBUT L，SANH V，et al. Huggingface's transformers：State-of-the-art natural language processing[J]. ArXiv，2019：arXiv-1910.

[187] VAN DER MAATEN L，HINTON G. Visualizing data using t-sne[J]. Journal of machine learning research，2008，9(11).

[188] WU C Y，MANMATHA R，SMOLA A J，et al. Sampling matters in deep embedding learning [J]. Institute of Electrical and Electronics Engineers，2017.

[189] SCHROFF F，KALENICHENKO D，PHILBIN J. Facenet：A unified embedding for face recognition and clustering[C]. Proceedings of the IEEE conference on computer vision and pattern recognition，2015：815-823.

[190] SOHN K. Improved Deep Metric Learning with Multi-Class N-Pair Loss Objective [C]. Proceedings of the Advances in Neural Information Processing Systems，2016：1857-1865.

[191] WANG X，HAN X，HUANG W，et al. Multi-similarity loss with general pair weighting for deep metric learning[C]. Proceedings of the IEEE/CVF Conference on Computer Vision and Pattern Recognition，2019：5022-5030.

[192] KRALLINGER M, RABAL O, AKHONDI S A, et al. Overview of the biocreative VI chemical-protein interaction track [C]. Proceedings of the sixth BioCreative Challenge Evaluation Workshop, 2017: 141-146.

[193] JIN L, SONG L, ZHANG Y, et al. Relation extraction exploiting full dependency forests[C]. Proceedings of the AAAI Conference on Artificial Intelligence, 2020: 8034-8041.

[194] BAGGA A, BALDWIN B. Algorithms for scoring coreference chains[C]. Proceedings of the first International Conference on Language Resources and Evaluation Workshop on Linguistics Coreference, 1998: 563-566.

[195] ELSAHAR H, DEMIDOVA E, GOTTSCHALK S, et al. Unsupervised open relation extraction[C]. Proceedings of the European Semantic Web Conference, 2017: 12-16.

[196] HU X, WEN L, XU Y, et al. Selfore: Self-Supervised Relational Feature Learning for Open Relation Extraction[C]. Proceedings of the 2020 Conference on Empirical Methods in Natural Language Processing, 2020: 3673-3682.

[197] GOLDBERGER J, HINTON G E, ROWEIS S, et al. Neighbourhood components analysis[J]. Advances in Neural Information Processing Systems, 2004, 17.

[198] HAN X, DAI Y, GAO T, et al. Continual relation learning via episodic memory activation and reconsolidation [C]. Proceedings of the 58th Annual Meeting of the Association for Computational Linguistics, 2020: 6429-6440.

[199] CUI L, YANG D, YU J, et al. Refining sample embeddings with relation prototypes to enhance continual relation extraction[C]. Proceedings of the 59th Annual Meeting of the Association for Computational Linguistics and the 11th International Joint Conference on Natural Language Processing, 2021: 232-243.

[200] ZHANG Y, ZHONG V, CHEN D, et al. Position-aware attention and supervised data improve slot filling[C]. Proceedings of the 2017 Conference on Empirical Methods in Natural Language Processing, 2017: 35-45.

[201] WU T, LI X, LI Y-F, et al. Curriculum-meta learning for order-robust continual relation extraction[C]. Proceedings of the 35th AAAI Conference on Artificial.

[202] GAO T, HAN X, BAI Y, et al. Manual Evaluation Matters: Reviewing Test Protocols of Distantly Supervised Relation Extraction[C]. Proceedings of the Association for Computational Linguistics: ACL-IJCNLP 2021, 2021: 1306-1318.

# 附录 A 英文缩写对照表

英文缩写对照表如表 A.1 所示。

表 A.1 英文缩写对照表

| 缩写 | 对应中文和英文 |
| --- | --- |
| NER | 命名实体识别（named entity recognition） |
| ME | 最大熵（maximum entropy） |
| HMM | 隐马尔可夫模型（hidden Markov model） |
| CRF | 条件随机场（conditional random field） |
| SVM | 支持向量机（support vector machine） |
| Semi-CRFs | 半监督条件随机场模型（semi-markov conditional random fields） |
| one-hot | 独热（one-hot code） |
| CBOW | 连续词袋模型（continuous bag-of-words model） |
| Skip-gram | 跳字模型（continuous skip-gram model） |
| GloVe | 全局向量（global vector） |
| LSTM | 长短期记忆网络（long short-term memory） |
| GRU | 权重门循环神经网络（gate recurrent unit） |
| BiLSTM | 双向长短期记忆网络（bi-directional long short-term memory） |
| stack-LSTM | 多层长短期记忆网络（stack long short-term memory） |
| Tree-LSTM | 树状长短期记忆网络（tree-structured long short-term memory networks） |
| SENNA | 基于神经网络架构的语义/句法提取（semantic/syntactic extraction using a neural network architecture） |
| Bio-NER | 生物医学命名实体识别（biomedical named entity recognition） |
| BOLT | 广义操作语言技术（broad operational language technologies） |
| ID-CNNs | 迭代扩张卷积神经网络（iterated dilated convolutional neural networks） |
| CNN | 卷积神经网络（convolutional neural networks） |
| RNN | 循环神经网络（recurrent neural network） |
| GPT | 生成式预训练（generative pre-training） |

续表

| 缩写 | 对应中文和英文 |
| --- | --- |
| BERT | 基于转换器的双向编码表征（bidirectional encoder representation from transformers） |
| NLP | 自然语言处理（natural language processing） |
| MLP | 多层感知机（multilayer perceptron） |
| S-LSTM | 句子状态长短时记忆神经网络（sentence-state LSTM） |
| ELMo | 语言模型嵌入模型（embeddings from language models） |
| GNN | 图网络（graph neural networks） |
| MPNN | 消息传递网络（message passing neural network） |
| OpenRE | 开放关系抽取（open relation extraction） |
| DOC | 深度开放分类（deep open classification） |
| C2AE | 条件自动编码器（class conditioned auto-encoder） |
| NOTA | 非上述（none-of-the-above） |
| DML | 深度度量学习（deep metric learning） |
| LMCL | 大边距余弦损失（large margin cosine loss） |
| RLL | 基于集合的排序动机结构化损失（ranked list loss） |
| CL | 对比学习（contrastive learning） |
| CWS | 上下文词句状态长短时神经网络（contextual word state S-LSTM） |
| OOV | 未登录词（out of vocabulary） |
| TagLM | 双向语言模型标注模型（tagging with bidirectional language models） |
| CoVe | 上下文词向量（contextualized word vectors） |
| WMT2011 | 自然语言翻译数据集（WMT 2011 news crawl） |
| PTB-POS | 词性标注数据集（penn treebank-POS） |
| SCRF | 混合半马尔可夫条件随机场（hybrid semi-Markov conditional random field） |
| NYT | 纽约时报（New York Times） |
| ProNet | 原型网络（prototypical networks） |
| HGNN | 异构图神经网络（heterogeneous graph neural networks） |
| EPO | 实体对重叠（entity pair overlap） |

续表

| 缩写 | 对应中文和英文 |
| --- | --- |
| SEO | 单实体重叠(single entity overlap) |
| RIFRE | 基于表示迭代融合的实体和关系联合抽取方法(representation iterative fusion for relation extraction) |
| DTGNS | 基于生成负样本的动态阈值(dynamic thresholds based on generative negative samples) |
| CRE | 持续关系抽取(continual relation extraction) |
| CRL | 一致性表示学习(consistent representation learning) |
| TEXTORE | 文本开放关系抽取平台(text open relation extraction) |

# 附录 B 图 片 索 引

# 附录 C 表格索引

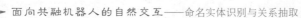

# 结 束 语

2021 年 12 月中华人民共和国工业和信息化部、国家发展和改革委员会、科学技术部、公安部、民政部、住房和城乡建设部、农业农村部、国家卫生健康委员会、应急管理部、中国人民银行、国家市场监督管理总局、中国银行保险监督管理委员会、中国证券监督管理委员会、国家国防科技工业局、国家矿山安全监察局 15 个部门正式印发《"十四五"机器人产业发展规划》(以下简称《规划》)。《规划》中明确部署了提高产业创新能力的"机器人核心技术攻关行动",并重点明确了将"人机自然交互技术、情感识别技术"等共融机器人自然交互技术作为前沿技术进行创新性攻关。

本书作为"面向共融机器人的自然交互"系列化学术专著的第 3 册,正是在国家"十四五"机器人产业发展规划的指导下,契合整个机器人行业对于自然交互技术研究、发展与创新的强烈需求,面向人机自然交互中的关键技术问题——文本交互信息的命名实体识别与关系理解,系统化地进行新方法、新理论和新实现技术的论述。面向共融机器人应用的自然交互信息的语义理解领域依然是当前热点的研究领域,新的研究思路和方法层出不穷。笔者所在的研究团队将时刻关注这一领域的最新研究进展和动态,并及时将系统化的研究成果呈现给读者。

除了"文本交互信息的命名实体识别与关系理解"这一人机自然交互信息语义理解领域的关键问题,在自然交互领域的其他重要问题也特别值得引起我们的关注并开展深入的研究工作。它们包括:①基于多模态人机交互信息的意图理解方法;②多视角多模态人机交互语义理解的不确定性评价。

最后再次附上本书相关辅助资料的链接下载地址。欢迎对机器人自然交互感兴趣的朋友和企业与我们交流或建立合作关系,一起共同推进我国机器人前沿技术的不断创新与发展。

本书相关辅助资料与算法链接网址:https://github.com/thuiar/Books。

笔者研究团队最新研究工作与成果链接网址:https://github.com/thuiar。